岩体结构面特性及其工程效应

中国电建集团华东勘测设计研究院有限公司

刘　宁　高要辉　陈平志

陈　珺　韩　月　钟大宁　　著

中国水利水电出版社
www.waterpub.com.cn

·北京·

内 容 提 要

本书综述了国内外已有岩体结构对大型地下洞室围岩稳定的控制效应，提炼出大型地下洞室围岩灾变的层间错动带、柱状节理以及硬性结构面控制效应三个关键科学问题，以白鹤滩水电站和锦屏地下实验室作为典型地下工程，设计了一系列原位监测、原位试验和室内试验，研究复杂应力路径下不同性质结构面对岩石变形、强度和破坏特性的作用机制，并采用理论分析、数值计算和工程验证手段，揭示了高应力和结构面共同影响下围岩致灾机理，提出了针对结构面影响区的成套控制技术，应用效果良好，经济效益和社会效益巨大，并具有重要的推广价值。

本书适合水利水电相关专业机构工作人员阅读，也可作为高等院校相关专业师生的辅助读物。

图书在版编目（ＣＩＰ）数据

岩体结构面特性及其工程效应 / 刘宁等著. -- 北京：中国水利水电出版社，2024.6
　ISBN 978-7-5226-1869-2

Ⅰ．①岩… Ⅱ．①刘… Ⅲ．①岩体结构面－力学性质－研究 Ⅳ．①TU452

中国国家版本馆CIP数据核字(2023)第201519号

书　　名	**岩体结构面特性及其工程效应** YANTI JIEGOUMIAN TEXING JI QI GONGCHENG XIAOYING
作　　者	中国电建集团华东勘测设计研究院有限公司 刘宁　高要辉　陈平志　陈珺　韩月　钟大宁　著
出版发行	中国水利水电出版社 （北京市海淀区玉渊潭南路1号D座　100038） 网址：www.waterpub.com.cn E-mail：sales@mwr.gov.cn 电话：(010) 68545888（营销中心）
经　　售	北京科水图书销售有限公司 电话：(010) 68545874、63202643 全国各地新华书店和相关出版物销售网点
排　　版	中国水利水电出版社微机排版中心
印　　刷	北京中献拓方科技发展有限公司
规　　格	184mm×260mm　16开本　10.75印张　259千字
版　　次	2024年6月第1版　2024年6月第1次印刷
定　　价	**88.00元**

前言

随着国民经济的持续发展，我国对能源、水利水电、交通与环境等刚性需求日益增加，浅表资源和空间的逐渐枯竭促使矿山开采、水电开发、铁路隧道和引调水隧洞建设等不断向地球深部进军，为此，大型地下洞室建设必将是今后的重要发展方向。随着水平和垂直埋深的不断增加，加之水平构造运动的影响，地下工程建设过程难免面临高地应力、复杂地质赋存条件、开挖强卸荷以及爆破强扰动等挑战。因此，地下工程稳定性不可避免地受到错动带、节理、硬性结构面等不良地质弱面的影响，从而产生因地质弱面张开、滑移等诱使围岩大变形和破裂的失稳现象，给现场施工人员生命安全造成巨大威胁。由此可见围岩灾变的结构面控制效应研究可为大型地下洞室安全建设的评估奠定重要的理论基础。

白鹤滩水电站作为具备高地应力、大跨度、高边墙等显著特点的代表性工程，地下洞室最大跨度和最大边墙高度分别达到34m和88.7m。白鹤滩地下洞室群开挖与支护过程中，层间/层内错动带、玄武岩隐节理、柱状节理等作用下的围岩应力结构型破坏频发，因此，复杂工程活动引起的玄武岩、柱状节理岩体力学响应特性及工程防控措施已成为白鹤滩水电站安全高效建设的重点研究内容。

锦屏地下实验室垂直埋深约2400m，是目前世界上岩石埋深最大的地下实验室，工程区域地质概况主要由一个背斜和两条断层构造决定。锦屏地下实验室建设过程中，背斜核部和断层共同影响区域发生了一次大体积塌方灾害，长大硬性结构面影响区域发生了两次强烈的岩爆灾害，此应力结构型强烈围岩灾变对现场施工机械设备、支护措施以及隧洞成型造成了严重的破坏，严重拖延了工程施工进度。因此，高应力和硬性结构面耦合作用下大理岩的力学特性研究已成为锦屏地下实验室长期的重点研究内容。

本书深入阐述了国内外已有岩体结构对大型地下洞室围岩稳定的控制效应，提炼出大型地下洞室围岩灾变的层间错动带、柱状节理以及硬性结构面控制效应三个关键科学问题，依托白鹤滩水电站和锦屏地下实验室两个典型代表性地下工程，设计了一系列原位监测、原位试验和室内试验，研究复杂应力路径下不同性质结构面对岩石变形、强度和破坏特性的作用机制；采用理论分析、数值计算和工程验证的手段，揭示了高应力和结构面共同影响下的围岩致灾机理，提出的针对结构面影响区的成套控制技术，取得了良好的应用效果，产生了巨大的经济效益和社会效益，具有重要的推广价值。

本书得到了中国电建集团核心技术攻关项目（DJ－HXGG－2022－08）、浙江省自然科学基金项目（LQ23E090002）、岩土力学与工程国家重点实验室开放基金（SKLGME023012）等的资助。此外，中国科学院武汉岩土力学研究所张传庆研究员、高阳博士、夏英杰博士、韩钢博士、刘振江博士等对相关成果研究提供了大力支持和帮助，在此表示衷心感谢！在本书的撰写过程中还得到许多专家和同行的指导和帮助，引用了多位学者的文献资料，一并表示衷心感谢！

由于作者水平有限，书中难免有错误或不妥之处，敬请读者批评指正。

作者

2024 年 1 月

目录

第 1 章　绪论

1.1　研究背景

  我国地域辽阔，地理环境复杂多样，形成了各具特色的地貌特征。由于地势、气候、环境等因素的差异，经过漫长历史的演变，我国东西部资源与生产力分布严重失衡，东部地区经济发展迅速但自然资源相对匮乏，而西部地区自然资源丰富但生产力相对不足，东西部资源与生产力的平衡已成为我国可持续发展的客观要求。"西部大开发"就是在此背景下孕育出来的，目的是优化配置东部沿海地区过剩的生产力，以提高和促进西部地区经济和社会发展，同时实现资源的有效利用。在西部大开发三大标志工程（西电东送、西气东输、青藏铁路）中，西电东送的投资额和工程量最大，其主要实施方式是将西部地区丰富的水力资源转化为电力资源并输送到东部沿海电力紧缺地区。

  水能资源是可再生能源中能形成供给规模、改善能源结构、保障能源安全、改善生态环境、实现可持续发展的优质能源，利用好丰富的水能资源是解决我国能源问题的有效措施，也是我国能源可持续发展的必然选择。我国西南地区地势险要，河道蜿蜒穿梭于群山峻岭之间，为了最大化地利用水力资源发电，多数水电站[1-2]厂房和隧洞设置于高山之中。以雅砻江流域梯级水电站地下厂房为例，两河口水电站[3-4]、锦屏二级水电站[5-7]、官地水电站[8]、二滩水电站[9-10]和桐子林水电站[11]的主厂房最大埋深均超过 200m，而锦屏二级水电站的引水隧洞和排水隧洞的最大埋深甚至达到 2500m 左右[12-13]。

  大型水电站地下洞室群在建设过程中不可避免地面临高地应力、复杂地质条件、开挖强卸荷以及机械、爆破扰动等挑战，洞室围岩多为高强度硬岩[14]，如白鹤滩水电站最大地应力为 33.39MPa，围岩主要为玄武岩，其单轴抗压强度为 70～110MPa。因此，地下洞室围岩发生应力诱导破坏的可能性极大，例如片帮、板裂、岩爆等，此类工程灾害对施工人员的生命安全及机械设备造成严重威胁，也会影响施工周期和洞室的最终成形，造成巨大的经济损失。此外，结构面（地质弱面）作为大型水电站地下洞室围岩体的重要组成部分，其产状、强度以及相对于洞室的空间分布位置决定了其周围岩体的强度和稳定性，当地下洞室围岩发生应力结构型破坏时，结构面也会起到控制破坏边界和破坏等级的作用，如在锦屏二级水电站发生的 4 次典型应力结构型岩爆中，硬性结构面均限定了爆坑的深度和最终边界，并影响岩爆的等级[15]。

  为了更深入地研究地下洞室开挖过程中围岩的稳定性问题，首先，需要安全高效地获得准确的地下洞室开挖区域的地质信息，因此在预先钻孔探测地质信息的基础上，本书综合利用现场踏勘、多点位移计、声波测试仪器、钻孔电视摄像设备、三维激光扫描仪[16-18]等手段捕获地下洞室开挖揭露的地质弱面（裂隙、错动带、柱状节理、硬性结构面等）和结构面影响下的围岩变形破坏特征，这些基础信息可以用于校核地应力状态，预测围岩破坏位置和破坏程度，是难能可贵的现场数据；其次，结合现场采集岩样和室内浇筑模型试样的方法，开展室内试验（单轴、三轴、剪切试验等）研究，获得地下洞室围岩体的力学参数，另外，不同于浅埋隧洞，高地应力下地下洞室原始地应力的最大主应力、中间主应力和最小主应力量值之间相差较大，常规的等围压三轴试验无法准确地模拟高地应力下地下洞室围岩的三向应力状态，因此，本书利用真三轴试验仪器[19]，开展一系列完整岩石和含结构面岩石的真三轴试验研究；最后，基于室内试验结果，建立合适的力学模型，并结合地下洞室现场破坏案例，利用数值仿真分析软件，预测现场潜在破坏区域，分析岩体破裂机制和结构面控制效应，提出地下洞室开挖和支护的优化方案，制定控制结构面变形和破坏的针对性措施，保障地下洞室安全建设和后期运维。

1.2 国内外研究现状

地下工程的选址往往倾向于岩性较为完整的硬岩区域，以保证地下工程的稳定。另外，由于地质构造运动的影响，地下工程不可避免地受到褶皱、断层、弱化带等原生地质构造的影响。在高地应力、开挖扰动和复杂地质条件的影响下，地下工程围岩易诱发应力结构复合型破坏，而结构面作为地质弱面，削弱了围岩强度，影响岩体内部裂纹的萌生、扩展、贯通等过程，对围岩破坏形态往往起到边界限定的作用。因此，地下工程稳定性的分析势必需要考虑结构面效应引起的变形强度各向异性和破坏的倾向性等特征。目前，国内外学者从理论、试验和数值计算等角度对围岩体稳定的结构面控制效应问题展开了大量且深入的研究。

1.2.1 结构面对岩石力学特性的影响研究

1.2.1.1 岩石力学特性的试验研究

地下洞室岩石力学特性的相关室内试验研究主要包括岩石变形参数的测定、岩石强度参数的测定、岩石脆性与延性转化特征、岩石力学特性与应力路径的相关性等方面的内容。

1. 岩石变形参数的测定

岩石的变形参数可以分为弹性参数和塑性参数。弹性参数主要包括弹性模量、切线模量、割线模量、泊松比和拉伸模量等。塑性参数主要指与塑性变形有关的变量，通常借助塑性内变量或者弹性参数的弱化来间接表达，也可通过损伤参数表示。

岩石的弹性参数大多可以通过常规压缩试验，即单轴压缩试验和常规三轴压缩试验获取。国际岩石力学协会（International Society for Rock Mechanics，ISRM）对弹性模量、切线模量、割线模量和泊松比的测定给出了详细的测试方法和流程[20]。众所周知，岩石的拉伸变形与压缩变形不同，大多数岩石的压缩弹性模量大于拉伸模量[21-23]，且岩石的脆性特征导致岩石的抗压强度远大于抗拉强度。岩石精确的拉伸模量可以通过直接拉伸试验获得[24]。由于直接拉伸试验较难实施，国际岩石力学协会推荐利用巴西劈裂试验间接测定岩石的拉伸模量[25]。为了克服劈裂试验测定拉伸模量中应变片长度有限和黏结不牢的问题，宫凤强等[26]基于微积分原理推导了巴西圆盘劈裂试验中拉伸模量的解析算法；Chou 和 Chen[27]结合数值计算和迭代算法推导出劈裂试验中横观各向同性岩石弹性参数的计算公式。除了通过压缩试验和拉伸试验直接测定岩石弹性参数外，还可以利用岩石波速间接得到弹性参数[28]。

另外，在常规三轴压缩试验中，尤明庆[29]发现不同岩石的杨氏模量对围压的敏感性不同，宏观致密的岩石的杨氏模量不随围压的增加而改变，而围压对软弱岩石或风化岩石的杨氏模量有一定的增强作用，因而可以通过杨氏模量的改变特征判定岩石的损伤程度。该结论在该循环加卸载试验中得到很好的验证，随着循环的增加，岩石不断产生塑性变形，即岩石内部损伤不断累积，岩石的弹性模量不断减小，而泊松比逐渐增加[30-31]。

2. 岩石强度参数的测定

特征应力包括闭合应力、启裂应力和损伤应力。典型砂岩应力-应变曲线及破坏模式如图 1.1 所示。根据应力-应变曲线特征，闭合应力（σ_{cc}）定义为曲线初始压密段（曲线初始下凹段）结束时刻的应力，即曲线线性段起始点对应的应力；启裂应力（σ_{ci}）定义为曲线线性段结束时刻的应力；损伤应力（σ_{cd}）定义为体积应变曲线发生偏转时刻的应力，即体积应变最大时刻对应的应力。各特征应力也有其具体的物理意义，闭合应力表征岩石初始孔隙或微裂纹的发育程度，亦可表征岩石的初始损伤程度，如果岩石绝对致密，则其应力-应变曲线将无初始

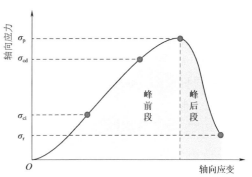

图 1.1　典型岩石应力-应变曲线

压密段；启裂应力表征岩石内部萌生微裂纹需要的最小应力水平，也是岩石产生内部损伤的应力阈值，同时，启裂应力是岩石内部微裂纹稳定扩展对应的应力，换言之，如果岩石内部微裂纹继续扩展或增加，外部载荷需要增加；损伤应力表征岩石内部微裂纹非稳定扩展对应的应力，当外部载荷达到或超过损伤应力时，即使当前荷载保持恒定，岩石内部微裂纹也将继续发育并相互结合，形成最终的宏观破坏面，因此，损伤应力也是岩石的长期强度[32]。另外，启裂应力和损伤应力在工程实践中也有特殊的物理意义，启裂应力用于评估高地应力下隧洞围岩片帮的潜在性[33-34]，而损伤应力被认为是隧洞围岩现场强度的上限值，用于评估围岩松动圈的范围[35-36]。

岩石峰值强度（σ_p）定义为曲线最高点对应的应力，即岩本身所能承受荷载的极限，峰值强度的大小受应力路径、应力加卸载速率、初始损伤程度等因素影响，从启裂强度开始，岩石内部微裂纹不断发育、扩展，由于轴向荷载和围压荷载的组合作用，岩石内部的裂纹扩展具有一定的方向性，导致岩样内部承载能力不均匀，进而使岩样产生非均匀的局部化变形，最终微裂纹贯通，形成宏观的劈裂或剪切裂缝，导致岩样整体失稳并遭破坏。由于峰值强度代表了岩石瞬时承载能力的最大值，因此常被用于计算岩石的强度参数和建立强度准则。岩石残余强度（σ_r）定义为曲线峰后残余段对应的应力，即峰后稳定水平段对应的应力，可为工程支护参数的设计提供参考。

岩石特征应力、峰值强度和残余强度可通过单轴、三轴和真三轴试验测定。其量值在围压（$\sigma_3 = \sigma_2$）、最小主应力（σ_3）和中间主应力（σ_2）的作用下有一定的提高[37-38]，不过残余强度对中间主应力的敏感性不强[39]。另外，加载和卸载条件下岩石特征应力、峰值强度和残余强度表现出较大的差异性[40-42]。

3. 岩石脆性与延性转化特征

脆性和延性是岩石非常重要的力学特性，与岩石的变形、强度和破坏特征密切相关，通常情况下，岩石越致密、矿物成分或晶体颗粒强度越高，岩石的脆性越强、发生破坏时的变形越小、峰值强度越高且破坏剧烈程度越强。

判断岩石脆延性的指标很多，如曲线类型[43-44]、矿物成分[45-46]、塑性变形[37,47]、强度比[48-49]、模量[50-51]、应变能[52-53]等。根据不同脆性指标的量值，岩石的脆性等级可得到量化。一般情况下，岩石的脆性随着围岩或者最小主应力的增加而减弱，在最小主应力较小的条件下，岩石的脆性对中间主应力的改变敏感性不强，而在最小主应力较大的条件下，岩石的脆性会随着中间主应力的增加而加强。

岩石的脆性与延性转化特征可以直观体现在应力-应变曲线和破坏模式上。在围压较小时试样应力-应变曲线峰值段无平台出现且峰后跌落现象明显，试样破坏面以劈裂破坏面为主且破坏面基本平行于最大主应力方向，说明此应力状态下岩石的脆性特征明显；随着围压的增加，试样的延性变形增加，即试样应力-应变曲线峰值平台段逐渐显著，试样峰后应力跌落量值不断减小，试样破坏由完全劈裂向单剪切面逐渐过渡，说明岩石的脆性不断减弱而延性不断增强；另外，岩石的脆延转化点也可通过峰值强度与残余强度的差值变化来确定，随着围压的增加，峰值强度与残余强度的差值逐渐减小，当围压达到脆延转化点时，此差值为零，即岩石峰值强度与残余强度相等。

4. 岩石力学特性与应力路径的相关性

岩石的破坏过程是岩石内部微裂纹孕育并发展的演化过程，岩石内部微裂纹经历萌生、扩展、相互贯通并形成宏观破坏面，致使岩石整体失稳。从能量角度来看，岩石的破坏过程可视为是吸收的弹性应变能和裂纹扩展引起的耗散能的一种转化过程，如果岩石内部微裂纹整个孕育过程所需的耗散能小于岩石整体贮存的弹性应变能，即岩石内部能量耗散和贮存达不到平衡状态，则岩石将会失稳并遭破坏。岩石的宏观破坏机制可以划分为拉伸破坏、剪切破坏以及两者复合的拉剪破坏，就微观角度而言，是岩石内部晶体发生穿晶破坏、沿晶破坏以及位错等混合模式的结果。为了研究岩石的宏细观破坏机制以及裂纹扩展过程，马少鹏等[54]、宋义敏等[55]、赵程等[56]、苏方声等[57]利用数字图像相关技术（digital image correlation，DIC）和高速摄影技术观测并记录岩石从加载到最终破坏整个过程的应变场和裂纹扩展状态；Goodfellow 等[58]、左建平等[59]、Cai 等[60]、He等[61]利用扫描电子显微镜法（scanning electron microscopy，SEM）解译岩石细观断口形貌特征和破坏模式；Olsson 和 Holcomb[62]、Zhang 等[63]利用声发射（acoustic emission，AE）技术研究岩石内部变形局部化带演化、破坏源定位与追踪以及破裂机制；Kawakata等[64]、Baud 等[65]、Lu 等[66]利用 X 射线计算机断层扫描（X-ray computed tomography scanning，X-CT）技术研究岩石的断裂形态。

岩石的破坏特征（如拉伸破坏、剪切破坏等）和力学参数（如杨氏模量、泊松比、峰值强度等）与应力路径存在强相关性，即其受到不同加卸载方式、不同初始损伤程度、不同加载速率等的影响。工程岩体在开挖前后所处的应力路径不仅是单纯的加荷或者卸荷状态之间的转换，而且受到爆破、凿岩、机械荷载等动力扰动的影响，因此，研究岩石破坏特征和力学参数与应力路径的相关性十分重要。邱士利等[40-41]对深埋大理岩开展了一系列的常规三轴加荷试验以及卸围压和卸围压增轴压的常规三轴卸荷试验，同时控制初始卸荷点以及卸荷速率，系统研究和对比了大理岩不同应力路径下变形、强度和破坏特征，发现大理岩轴向变形和扩容规律受到卸荷路径的影响较大，卸荷条件下岩石的极限承载能力大于同等加荷状态。Zhao 等[67]研究了真三轴卸荷条件下卸荷速率对北山花岗岩破坏行为的影响。Bai 等[68-69]利用数值计算软件和现场地应力状态模拟深部隧洞的岩体行为，并根据实际应力路径进行真三轴加卸荷试验，结合 AE 技术研究了岩石的破裂行为。Xu 等[42]研究了真三轴卸荷条件下中间主应力对锦屏大理岩变形和破坏机制的影响。

1.2.1.2　岩石力学特性的本构模型研究

岩石力学模型的研究可分为岩石破坏准则的研究和本构模型的建立。整体而言，岩石破坏准则需要描述静水压力效应、最小主应力效应、中间主应力效应、应力洛德角效应和拉压异性效应。虽然岩石破坏准则经过多年的发展而层出不穷，但是一些经典的破坏准则依然在岩土工程领域得到了广泛的应用。Mohr - Coulomb（MC）[70]准则是在土和岩石领域最早建立的破坏准则之一，且最为研究者和工程师们接受。MC 准则认为，岩土材料中任意一个面上的剪切应力达到或超过剪切应力阈值时材料发生破坏，任意面上的剪切应力是由材料颗粒间的黏聚力和抗摩擦能力决定的，且与该面上所受的压应力有关。MC 准则很好地描述了以剪切破坏为主的岩土行为，然而，该准则未考虑中间主应力对强度的影响，且在主应力空间中存在角点，致使 MC 准则在实际应用中需特别注明其适用范围。Hoek - Brown[71]强度准则也是一个应用广泛的破坏准则，该准则最初建立是为评估工程岩体的强度。该准则表达式由完整材料的单轴抗压强度和两个控制岩体等级的参数构成，通过调整参数的取值，Hoek - Brown 强度准则可用于表征完整材料的强度特征。另外，基于传统金属材料的 Mises 屈服准则（未考虑中间主应力对强度的影响），Drucker 等[72]提出了广义 Mises 破坏准则，该准则在主应力空间的 π 平面上可用内外两个圆来表示，分别内切和外接 Mohr - Coulomb 准则；Lade[73]在不考虑有效黏聚力的前提下针对摩擦材料提出了一个三维破坏准则，此后，拉特屈服准则经过 Ewy[74]的改进，可以在中间主应力较小的条件下很好地描述材料的强度特征；在 Griffith 断裂准则的基础上，Wiebols 和 Cook[75]基于岩土材料内部微裂纹剪切应变能特征提出了一个三维破坏准则，由于该准则在主应力空间上不是封闭的，Zhou[76]在此准则基础上提出了一个表达式更为简洁的破坏准则，修改后的 Wiebols - Cook 准则可以看作是广义的 Drucker - Prager 准则。此外，Yu[77]提出了双剪强度理论；Mogi[78-79]、黄书岭等[80]、Chang 和 Haimson[81]、邱士利等[82]、Ma 等[83]、Feng 等[84]相继提出了一些可以很好地描述岩石的真三轴试验结果的破坏准则。

从模型描述因素的角度出发，岩石本构模型大致可以分为不考虑时间效应的弹性本构模型、弹塑性本构模型、损伤或断裂本构模型等，以及考虑时间效应的流变本构模型。传统的胡克定律（Hooke's Law）认为金属材料的受力状态与其产生的变形存在二维线性关系，即材料的内部存在正比例的应力应变关系，基于此定律提出的模型为线弹性本构模型。此后，二维胡克定律被推广到三维应力状态，称之为广义胡克定律，并得到了广泛推广。在此后的研究中，人们发现岩土材料的受力和变形大多是非线性关系，即岩土材料在承受一定荷载之后会产生永久变形（塑性变形）。因此，为了解释岩土材料受力产生塑性变形的现象，研究者基于塑性力学、损伤力学和断裂力学理论建立了一系列的弹塑性本构模型和损伤或断裂本构模型。传统的理性弹塑性本构模型，如基于 Mohr - Coulomb 准则、Hoek - Brown 强度准则和 Drucker - Prager 准则建立的模型，未加入内变量的描述，其屈服面在应力空间上的位置是固定的，此模型无法模拟岩石材料应变硬化或软化以及扩容效应。Hajiabdolmajid 等[85]基于 Mohr - Coulomb 准则引入塑性内变量概念，分析黏聚力和内摩擦角随塑性内变量的变化关系，建立了黏聚力弱化而内摩擦角强化的力学模型。另外，在弹塑性本构模型方面，一些具有代表性的模型有殷有泉和曲圣年[86]提出的弹塑性耦合应变软化本构模型、Bhat 的内时本构模型[87]，黄书岭[88]基于脆性岩石广义多轴应变能破坏准则提出的考虑脆性岩石扩容效应的硬化-软化本构模型。损伤本构模型以损伤力学为理论支撑，把岩土材料的破坏看作是整体的损伤演化，忽略造成材料破坏的局部裂纹扩展细节，具有代表性的损伤本构模型有 Hillerborg 等[89]的虚拟裂纹模型、Bazant[90]的钝化带模型、Sidoroff 等[91]的理想损伤模型、Shao 和 Rudnicki[92]的细观损伤模型、Krajcinovic[93]的连续损伤模型。在断裂本构模型方面，Griffith 开创性地提出了基于理想脆性假定的二维准则，此理论在岩石领域得到了广泛应用。此后，唐辉明和晏同珍[94]、谢和平[95]及周小平、哈秋聆和张永兴[96]等对断裂模型进行了系统的研究。对于考虑时间效应的流变模型，研究者们提出了具有明确物理意义且参数简单的流变元件模型，如 Maxwell 模型、Kelin 模型和 Bingham 模型，以及由这些模型推广的复合模型（Burgers 模型、西原模型等）。

1.2.1.3 岩石力学特性的数值计算研究

基于合适的破坏准则和本构模型，结合恰当的数值模拟软件，即可便捷高效地实现岩土材料力学行为的再现，解译岩土材料的细观破坏特征和裂纹扩展过程，进而指导岩土工程的安全建设与维护。目前，岩土材料数值计算方法大体可以分为有限单元法（Finite Element Method，FEM）、离散单元法（Discrete Element Method，DEM）以及两者结合的有限-离散单元法（Finite - Discrete Element Method，FDEM）。

有限单元法对岩土材料的变形和强度特征进行整体考虑，单元之间的接触一旦破坏，将无法继续传递力和变形，其优势是数值计算效率高，能够解决工程大尺度的数值计算问题；缺点是无法跟踪材料内部的局部破坏过程。常用的基于有限单元法的数值计算软件有 ABAQUS[97]、ANSYS、FLAC[98]、EPCA[99-100]等。相比有限单元法，离散单元法可以将岩土材料宏观破坏行为与细观破坏机制紧密地联系起来，然而由于所有单元自始而终都参与运算，离散单元法的数值计算效率较低，常用的基于离散单元法的数值计算软件有 DDA[101]、PFC[102]、3DEC[103]等。有限-离散单元法则结合了有限单元法和离散单元法的优点，利用连续介质力学的方法和离散元的算法，可以实现材料宏细观变形和渐进破坏的相互作用[104]。

1.2.1.4 结构面的影响效应研究

岩体是由完整岩石和结构面共同组成的复合体，结构面作为地质弱面，对岩体的力学行为有着极大的影响。就含结构面的岩样而言，结构面的法向量与外力的相互关系增强了含结构面试样的变形能力而削弱其强度，并且影响试样的破坏特征。因此，岩体在复杂受力状态下的力学响应是建立恰当的岩体破坏准则和本构模型的基础，也是进行合适的工程岩体数值计算的前提。另外，在工程设计和建造过程中，最大限度地获知工程区域详细的地质情况也是十分重要的。

结构面对岩体变形特征的影响主要体现在弹性模量和变形能力上。整体而言，结构面岩体的弹性模量相对于完整岩石变小，而变形能力（如峰值时刻的应变值等）相对变大。Kulatilake 等[105]对结构面试样的变形规律进行了一系列数值计算，发现页岩结构面试样的弹性模量是完整页岩的 0.45 倍，而页岩结构面试样的泊松比大约是完整页岩的 2.0 倍。另外，Kulatilake 等[106]还研究了结构面产状、密度和尺度对变形特征的影响规律。Singh 等[107]利用相似材料制作结构面试样并进行了一系列单轴压缩试验，发现不同结构面倾角下结构面试样的弹性模量与完整试样的比值均小于 1，当结构面法向量与轴向应力的夹角为 60°时，结构面试样的弹性模量最小。Tiwari 和 Rao[108]利用自主研发的真三轴试验机，研究了中间主应力和围压对结构面试样峰后行为（应变硬化、应变软化和塑性变形）的影响规律。Arzúa 等[109]和 Alejano 等[110]对切割形成的花岗岩结构面试样进行了一系列常规三轴循环加卸载试验，发现结构面花岗岩试样的弹性模量和跌落模量均小于完整花岗岩试样。另外，在较小围压条件下，结构面花岗岩试样的剪胀行为比完整花岗岩试样弱，然而随着围压的增加，结构面花岗岩试样剪胀能力逐渐强于完整花岗岩试样。Gao 和 Feng[111]量化了中间主应力对天然结构面大理岩试样塑性变形的影响规律，并探讨了其与试样脆性的关系。

对于岩体来说，结构面的存在使其强度特征表现出各向异性，结构面自身的不同要素（如走向、倾角、间距等）对结构面岩体强度的影响也不尽相同。Kulatilake 等[105]通过数值计算发现，结构面试样的平均强度大约是完整试样强度的 0.6 倍。Ramamurthy 和 Arora[112]、Singh 等[107]、Tiwari 和 Rao[113]、Xia 和 Zeng[114]发现，结构面试样的强度与结构面倾角呈 U 形关系，即在结构面倾角为 0°或 90°时，结构面试样强度达到最大值，而结构面为 40°～60°时，结构面试样强度最小。结构面试样的强度受最小主应力和中间主应力的影响较大，围压或最小主应力的增加可以明显提高结构面试样的强度[115-118]，然而，当围压增加到一直数值后，围压对结构面试样强度的提升将会失去作用[112]；中间主应力也可以显著提高结构面试样的强度[117-119]。另外，Kwaśniewski 和 Mogi[120]发现，当结构面平面与中间主应力平行时，结构面试样的强度受中间主应力的影响不大；Kapang 等[119]研究了真三轴剪切条件下结构面试验的强度特征；Miao 等[121]研究了结构面中不同胶结物质对结构面试样强度的影响。

结构面试样的破坏是完整试样破坏和结构面破坏共同作用的结果，总体而言，可以分为完整材料的拉伸（劈裂）破坏、完整材料的剪切破坏、结构面的剪切滑移破坏、结构面的拉伸（张开）破坏以及 4 种破坏的组合[118]，对于含多组结构面的试样来说，还有结构面块体的旋转破坏[113]。另外，向天兵等[122]设计了模拟工程现场开挖支护应力路径的真三轴试验，研究结构面试样在开挖支护条件下的破坏特征。

当岩体发生沿结构面剪切滑移破坏时，结构面处的受力就可以分解为正应力和剪应力，因此，结构面试样除了抗压强度、抗拉强度以外，其抗剪强度也是一个十分重要的力学参数，而获取结构面试样抗剪强度的直接手段是直剪试验。在结构面岩体剪切行为研究中，Bandis[123]和 Barton[124-126]开展了一系列较为全面的室内试验和现场研究，为了准确而又简洁地描述岩体的剪切特征，Barton[124]使用了结构面粗糙度系数（Joint Roughness Coefficient，JRC）和裂隙壁抗压强度（Joint Wall Compression Strength，JCS），并在此基础上提出了一个被广泛使用的抗剪强度公式。此后，研究者们又提出了一些描述结构面形貌特征的概念，如坡度均方根 Z_2[127]、结构面粗糙度指数 R_p[128]、描述微元有效剪切倾角的三维粗糙度系数[129]等。另外，浅部工程岩体的剪切应力边界可以用常法向应力边界反映，而深部工程岩体的剪切应力边界更适合用常法向刚度应力边界来描述，因此，Jiang 等[130]、Mirzaghorbanali 等[131-132]开展了一系列常法向刚度条件下的直剪试验。

　　岩体的破坏准则大致可以分为理论准则和经验准则。在理论准则方面，应用最为广泛的是 Mohr-Coulomb 准则和 Hoek-Brown 强度准则以及这两个准则的修正形式，如 Zhang 等[133]修改了 Mohr-Coulomb 准则，使其可以考虑岩体的固有属性，并用大量的试验数据加以验证；Singh 和 Singh[134]将二维 Mohr-Coulomb 准则推广到三维应力空间上，使得修改后的 Mohr-Coulomb 准则可以很好地描述中间主应力对结构面试样强度的影响；Zhang 和 Zhu[135]、Zhang[136]、Zhang 等[137]、Melkoumian 等[138]、Jiang 和 Zhao[139]、Zhu 等[140]将 Hoek-Brown 强度准则推广到三维应力空间上，使得修改后的 Hoek-Brown 准则可以考虑中间主应力效应和结构面效应。在经验准则方面，Rafiai[141]在分析大量岩体试验数据的基础上，提出了一个拟合效果较好的经验强度公式；Saeidi 等[142]和 Liu 等[143]先后修改了 Rafiai 经验强度公式，使其可以描述宏观各向同性岩体的强度和中间主应力效应。

　　岩体结构面本构模型的建立大致有 3 种方法：连续介质力学方法、细观描述方法和直接法。基于连续介质力学方法，Goodman 等[144]提出了类似于广义胡克定律的三线性段弹性本构模型；Plesha[145]提出了可反映岩体结构面剪胀和软化特性的弹塑性本构模型；Desai 和 Fishman[146]基于塑性力学和一系列循环剪切试验结果提出了岩体结构面的弹塑性本构模型。基于岩体结构面的细观描述方法，Park 等[147]基于常法向应力和常法向刚度条件下结构面的剪切试验结果，分析结构面三维接触面积随剪切位移的演化规律，建立考虑剪胀角和内摩擦系数的岩体结构面本构模型；Oh 等[148]和 Li 等[149]根据结构面上不同尺度的凸起对抗剪强度的贡献，采用摩擦理论，计算特征尺度与剪切位移以及剪胀角的关系，建立包含二维凸起破坏机制的岩体结构面本构模型，并在通用离散单元法程序（Universal Distinct Element Code，UDEC）里实现验算。在利用直接法建立岩体结构面本构模型方面，Leichnitz[150]根据常法向应力和常法向刚度试验结果，建立含刚度矩阵的本构模型；Saeb 和 Amadei[151]利用图形法建立了能够反映可变法向刚度条件下剪胀特征的本构模型。另外，Thirukumaran 和 Indraratna[152]总结了常法向刚度条件下岩体结构面的本构模型。

1.2.2　结构面对工程稳定的影响研究

　　地下工程建设（如矿山、交通、水利水电、深部基础实验室等）面临着埋深大、地应力水平高、地质条件复杂甚至高温、高热的严峻挑战，在大规模开挖强卸荷作用下，围岩发生持续大变形、大面积片帮、大体积塌方和高强度岩爆等工程灾害的可能性增大，造成人员伤亡和工程经济损失的严重性更高，这些灾害严重制约基础工程和相关学科的发展。从工程岩体的稳定性而言，结构面的产状与地应力、隧洞或巷道的洞轴线的相互关系决定了围岩的变形和破坏模式。

地下洞室开挖过程中，如果遇到不利的地质弱面，那么围岩会发生结构型或应力结构型破坏，对施工人员的生命安全造成威胁，也会破坏工程的设计结构、支护措施和施工机械设备，从而推延工程的施工周期，造成巨大的经济损失。结构型塌方是结构面影响围岩产生结构型破坏的一个典型地质灾害，此时，结构面往往是软弱夹层或者富含较多风化物质的胶结体，其本身的黏结强度相对于完整岩体来说小很多，尤其是弱结构面岩体的抗拉强度非常小，如果此结构面位于隧洞的顶部或者拱肩位置，并且其走向与隧洞轴线方向基本平行，那么在隧洞开挖卸荷以及岩体自身重力的作用下，弱结构面下盘岩体很容易发生垮落，即形成结构型塌方，例如乌东德水电站地下洞室群开挖后形成的与层面相关的塌方[153]，白鹤滩水电站地下厂房形成的与软弱夹层有关的塌方[154]，锦屏地下实验室发生的复杂岩性挤压破碎带塌方[155]。结构型岩爆是结构面影响围岩产生应力结构型破坏的一类典型且破坏剧烈的地质灾害，结构面的倾角以及是否揭露对诱发应力结构型岩爆的机制有着重要的影响，结构面墙角与分布位置决定了岩爆是张拉还是剪切滑移诱发的，而未揭露的结构面型岩爆往往破坏等级较高，相对于不同机制的结构面型岩爆，需要采取对应的防护措施，例如锦屏水电站在建设过程中就遇到过数例此种类型的岩爆现象[156]。

1.3　主要研究工作和总体思路

本书的总体逻辑是重新审视地下洞室（如引调水隧洞、矿山巷道、水电地下厂房和洞室、地下实验室等）实际开挖过程中遇到的围岩稳定性问题，结合已有的地应力、地质概况、开挖支护方案等资料，分析地下洞室岩体变形破坏机制，提取关键作用因素；借助室内研究手段（如单轴、三轴和真三轴试验仪器及其辅助监测和测量设备等），针对地下洞室工程稳定性的关键技术问题，设计相应的试验方案，测得岩体在复杂应力状态下的变形强度参数，研究岩体的破坏机制；基于室内试验结果，建立地下洞室岩体的力学模型，借助恰当的数值计算手段，评估和解译深埋工程围岩破坏的实际案例，进一步验证和推广该力学模型。本书的主要研究工作可以分为四个方面：①统计白鹤滩水电站和锦屏地下实验室的变形信息和破坏案例，尽可能地收集工程区域的地质概况、地应力、开挖支护方案、监测数据等信息，分析围岩的渐进破坏过程和结构面（硬性结构面、错动带、柱状节理等）的影响机制；②基于室内试验手段，测定含不同产状结构面硬岩的力学性质，并对比相应应力条件下硬岩的试验结果，总结结构面对硬岩变形、强度和破坏特征的影响规律；③结合完整岩石和含结构面岩石的循环加卸载试验结果，分析结构面对塑性变形和应变能损伤演化过程的影响，并总结结构面产状和脆延性在塑性内变量中的量化特征；④基于单轴、常规三轴、真三轴压缩试验结果，建立可以反映中间主应力、主应力差和结构面产状协同效应的含结构面岩体力学模型，将结构面岩体力学模型嵌入到数值计算软件中并验算其正确性和合理性，评估地下洞室围岩稳定性问题，并提出针对性的工程对策。

第 2 章　结构面工程地质特性研究

2.1　基本概念

结构面是指岩体中具有一定方向、力学强度相对较低、两向延伸（或具有一定厚度）的地质界面（或带），如岩层层面、软弱夹层以及各种成因的断裂、裂隙等。由于这种界面中断了岩体的连续性，故又称不连续面。

结构面的特征指标包括方位、间距、延续性、粗糙度、结构面侧壁强度、张开度、充填物、渗流、节理组数、块体大小等，结构面的产状可由走向、倾向和倾角 3 个要素表示，其中，结构面走向即结构面在空间延伸的方向，用结构面与水平面交线即走向线的方位角或方向角表示；结构面的倾向即结构面在空间的倾斜方向，用垂直走向顺倾斜面向下引出的一条射线对水平面投影的指向进行表示；结构面的倾角即结构面在空间倾斜角度的大小，用结构面与水平面所夹的锐角表示。

岩体通常指地质体中与工程建设有关的那一部分岩石，它处于一定的地质环境，被各种结构面分割。岩体具有一定的结构特征，它由岩体中含有的不同类型的结构面及其在空间中的分布和组合状况确定。

2.2　结构面和岩体的工程地质分类

2.2.1　结构面分类

结构面按照地质成因可分为原生结构面、构造结构面和次生结构面。其中，原生结构面又包括沉积结构面、岩浆结构面和变质结构面，其一般与岩层产状一致，沉积结构面的地质类型主要有层理、层面、软弱夹层、不整合面、假整合面、沉积间断面等，岩浆结构面的地质类型主要有侵入体与围岩接触面、岩脉、岩墙接触面、喷出岩的流线和流面、冷凝节理等，变质结构面的地质类型主要有片理、片麻理、板劈理、片岩软弱夹层等；构造结构面的地质类型主要有节理、断层、层间错动带、羽状裂隙、劈理等，其产状与构造面呈一定关系；次生结构面的地质类型主要有卸荷裂隙、风化裂隙、泥化夹层、次生夹泥层等，其受地形及原生结构面的控制。

根据结构面的破坏特征和分布密度两个因素，结构面可分为单个节理、节理组、节理群、节理带以及破坏带或糜棱岩五大类型，同时考虑结构面中的充填性质和充填程度，又可将每种类型分为 3 个细类：无充填物、有充填物和黏性充填物，共形成 15 个细类。

按照结构面的规模等级以及对岩体力学行为的影响规律和控制作用，结构面可分为贯穿性宏观结构面、显现结构面和隐微结构面三大类。按照结构面的胶结程度、起伏程度以及软弱结构面的物质组成，整体可分为硬性结构面和软弱结构面两类，硬性结构面可分为胶结型和无充填型，软弱结构面可分为岩块岩屑型、岩屑夹泥型和泥夹岩屑型。

本书重点关注的结构面主要为错动带、柱状节理以及硬性结构面，以下分别介绍此3类典型结构面基本信息的测量方法及其分布特征，其他类型结构面信息的获取方法可参考此3类典型结构面。

2.2.2　岩体分类

按工程建造特征可将岩体划分为整体块状结构、块状结构、层状结构、碎裂结构和散体结构等类型。

（1）整体块状结构。岩性均一，无软弱面的岩体，含有的原生结构面具有较强的结合力，间距大于1m。通常出现在厚层的碳酸盐岩、碎屑岩和花岗岩、闪长岩，以及原生节理不太发育的流纹岩、安山岩、玄武岩、凝灰角砾岩中。

（2）块状结构。岩性较均一，含有2～3组较发育的软弱结构面的岩体，结构面间距为1～0.5m。通常出现在成岩裂隙较发育的厚层砂岩或泥岩，槽状冲刷面发育的河流相砂岩体等沉积岩，以及原生节理发育的火山岩体中。

（3）层状结构。连续性好，为抗剪性能显著较低的软弱面的岩体，一般岩性不均一。可进一步分为层状（软弱面间距50～30cm）和薄层状（间距小于30cm），还可以根据不均一程度划分出软硬相间的互层状结构。

（4）碎裂结构。含有多组密集结构面的岩体，岩体被分割成碎块状，以某些动力变质岩为典型，如溪洛渡泡灰岩。

一般而言，整体块状结构和块状结构强度高，呈各向同性，抗风化能力强；层状结构强度较高，呈各向异性，易发生层间滑动；碎裂结构强度低，完整性差。

另外，散体结构强度最差，呈碎石类土，各向异性非常显著。

就工程地质研究的角度而言，地下洞室将岩体的结构特征作为重要研究对象，其工程意义如下。

（1）岩体中的结构面是岩体力学强度相对薄弱的部位，它导致岩体力学性能的不连续性、不均一性和各向异性。只有掌握岩体的结构特征，才有可能阐明岩体不同荷载下内部的应力分布和应力状况。

（2）岩体的结构特征对岩体在一定荷载条件下的变形破坏方式和强度特征起着重要的控制作用。岩体中的软弱结构面常常成为决定岩体稳定性的控制面，各结构面分别为确定地下洞室岩体抗拉或抗滑稳定的分割面和破坏边界控制面。

（3）对地下工程的岩体而言，其结构特征在上覆岩体和水平构造应力的作用下，结构面尤其是硬性结构面的充填厚度非常小而胶结强度较大，而长期受到地下水、地壳运动等影响的结构面胶结厚度较大且强度较低，使得结构面分布位置周边一定区域围岩都为较破碎岩体，对工程稳定影响很大。

2.3　典型结构面的工程分布特征

2.3.1　错动带分布特征

2.3.1.1　测试方法

错动带是指软硬相间的岩层在构造作用下发生层间剪切错动，并在地下水长期物理化学作用下形成的一种空间展布范围广、分布随机、厚度不一、组构特异、性状很差的薄层带状岩土体系统，其具有类如夹心饼干状的硬—软—硬复合体（即含层间错动带岩体）结构特征。在进行地下洞室地质勘察时，由于错动带规模较大，出露面积大，一般通过量尺、地质锤、地质罗盘等直接测量其产状信息和其他基本力学特征。

2.3.1.2　白鹤滩水电站错动带基本特征及空间分布

白鹤滩水电站为金沙江下游 4 个水电梯级——乌东德、白鹤滩、溪洛渡、向家坝中的第二个梯级，坝址位于四川省宁南县和云南省巧家县境内，装机容量为 16000MW，位居世界第二，单机容量为 1000MW，位居世界第一，左、右岸各布置 8 台机组，为仅次于三峡工程的世界第二大水电工程。

白鹤滩水电站坝区缓倾角结构面主要为层间错动带和层内错动带，错动带大多为软弱结构面，对岩体质量的影响是明显的。不同的岩性，发育程度不同，以柱状节理玄武岩发育最明显。层内错动带对岩体质量的影响主要表现在两方面，一是错动带及其影响带本身力学强度低，属质量较差的岩体；二是当层内错动带发育密集时，岩体完整性差，质量较差，尤其是柱状节理玄武岩表现更为突出。坝区层间错动带 C_2、C_3、C_{3-1} 均不同程度地含有蒙脱石、伊利石等亲水性矿物。

白鹤滩水电站左岸厂区层间错动带 C_2 沿 $P_2\beta_2^4$ 层凝灰岩中部发育，产状为 N42°～45° E，SE∠14°～17°，错动带厚度为 10～30cm，岩块岩屑型，遇水易软化。层内错动带以岩块岩屑型为主，规模较小。白鹤滩水电站右岸厂区 C_3、C_{3-1}、C_4、C_5 三条层间错动带沿各凝灰岩层发育，岩体破碎，典型照片如图 2.1 所示。C_3 在 $P_2\beta_3^6$ 层凝灰岩中发育，C_3 上段未见错动痕迹，性状较好，其力学参数按凝灰岩参数考虑，C_3 下段宽 5～10cm，带内主要为劈理化构造岩、角砾化构造岩，结构面类型以泥夹岩屑为主，C_3 缓倾角斜切主厂房，主要出露于安装间顶拱及主厂房边墙。C_{3-1} 在 $P_2\beta_3^4$ 层顶部凝灰岩中发育，错动不明显，概化为一条胶结差的胶结型结构面，主要出露于安装间及主厂房 9 号、10 号机组之间边墙，在 10 号机组上部边墙高程 592m 左右尖灭于 C_3。C_4 宽 10～20cm，在 $P_2\beta_4^3$ 层凝灰岩中发育，

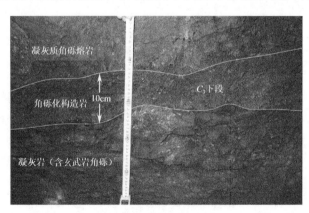

图 2.1　白鹤滩水电站右岸厂房典型 C_3 错动带

带内主要为劈理化构造岩，局部为角砾化构造岩，结构面类型为泥夹岩屑 A 型，缓倾角斜切副厂房顶拱，层内错动带总体不发育，$P_2\beta_5^1$ 及 $P_2\beta_6^1$ 层的层内错动带相对较发育。

2.3.1.3 层间错动带影响效应

白鹤滩水电站工程区多个交通洞和厂房中导洞开挖实践都表明，延展整个工程区的层间错动带和广泛分布的层内错动带具有空间变异性，且明显地破坏工程岩体的完整性并导致局部垮塌。白鹤滩水电站层间错动带的典型结构是下盘玄武岩＋中间错动带＋上盘凝灰岩，其中玄武岩厚度通常为几十米至数百米，错动带厚度通常为几厘米至几十厘米，而凝灰岩厚度通常为几分米至几米不等（图 2.2）。这一复合岩体结构表明，错动带的稳定性不仅涉及错动带的稳定性，还涉及错动带上下母岩的影响带，故对其开挖卸荷可能存在变形挤出、相对错动、诱发局部塌方的围岩不稳定性行为，其整体稳定性和安全风险需要合理评估和预测。

更为突出的问题是高应力卸荷和复杂地质体共同作用下大型地下洞室群不同部位（顶拱、高边墙、交叉洞口等）围岩的变形特征、松弛深度和破坏风险预测分析。对处于强烈地质构造活动区域受错动带和柱状节理影响的特大型地下洞室群而言，由于其所处在区域地应力水平高，故开挖卸荷效应十分显著，围岩破坏模式多种多样（图 2.3），在强卸荷作用下和分层开挖多次扰动影响下，卸荷变形问题突出。对于大型地下工程而言，由于地质条件复杂，开

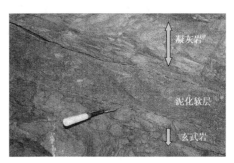

图 2.2 白鹤滩水电站层间错动带的硬—软—硬多元复合岩体结构

挖过程中揭示的实际局部地质条件可能会与先前估计得不一致，岩体的实际性态可能会因施工等原因与预想的不一致。而错动带、柱状节理与开挖临空面的不同组合也会导致不同模式的围岩破坏，这就需要在开挖过程中及时根据实际的地质条件，预判围岩潜在的破坏模式，并及时进行开挖和支护方案的调整与优化。因此，针对实际施工过程中施工方案（开挖方案、支护类型、支护参数）变更的问题，结合围岩实际局部条件和潜在破坏模式，从减少应力集中、能量聚集和经济施工等角度论证变更方案的合理性并优化变更方案，可为工程现场决策提供依据，从而确保洞群开挖高效化和支护合理化。

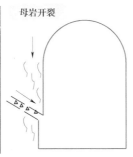

（a）高边墙剪切破坏　　　　　　　　　　　　　（b）上下盘变形不协调错动

图 2.3 白鹤滩水电站地下厂房高边墙典型剪切破坏与不协调错动

2.3.2 柱状节理分布特征

2.3.2.1 测试方法

柱状节理岩体是一类几何形状特殊且为镶嵌结构的地质体，在人类工程活动涉及的范围内广泛分布，尤其在我国东南沿海和西南高山峡谷地区集中揭露。金沙江上的白鹤滩、金安桥和溪洛渡，以及雅砻江上的二滩等大中型水电站的建设均遇到二叠系峨眉山玄武岩组。其中以白鹤滩柱状节理玄武岩的工程问题最具典型性，因此，以白鹤滩水电站为代表，针对柱状节理玄武岩力学性质的研究开展得最为系统和全面。柱状节理的测量主要通过地质编录完成，测量内容主要包括柱体直径、长度、棱柱体边长、边数、柱状节理倾角、走向等。

2.3.2.2 白鹤滩水电站柱状节理基本特征及空间分布

白鹤滩水电站坝区玄武岩多个岩流层的中、下部发育有柱状节理，为查明各层柱状节理玄武岩的空间分布及特征，首先进行基本特征调查，包括柱体高度、直径、形状等，找出各岩流层中柱状节理的差异及空间分布，对柱状节理玄武岩进行分类；其次对坝基部位出露的 $P_2\beta_3$ 层中的柱状节理深入研究，实测 $P_2\beta_3^2$、$P_2\beta_3^3$ 亚层地质剖面，根据柱体外形进行小层划分；然后根据柱状节理玄武岩柱体直径的大小划分小层；接着对各小层取样进行矿物、化学分析；最后对各小层的柱体内部微裂隙进行统计。

白鹤滩水电站柱状节理因冷却收缩作用而形成。除柱状节理外，柱体内还发育有原生微裂隙，主要是平行柱状节理面的微裂隙（简称"纵向微裂隙"）和垂直柱状节理面的微裂隙（简称"横向微裂隙"）。纵向微裂隙也是在岩浆冷却过程中形成的，总体上节理面的形态以平直为主，部分表现为波状；节理面的形状以规则四边形为主，部分由于柱体扭曲表现为不规则形状，单条裂隙短于柱体长度。横向微裂隙表现为沿玄武岩流动面方向的面状原生建造，其形成与岩浆冷凝有关，顺层面方向横切柱状节理，把柱状节理切为几段，且断面相对完整，发育密度大，裂隙间距为 $2\sim15cm$，单条裂隙大多未完全切断柱体。

柱状节理主要在 $P_2\beta_2^2$、$P_2\beta_2^3$、$P_2\beta_3^2$、$P_2\beta_3^3$、$P_2\beta_4^1$、$P_2\beta_6^1$、$P_2\beta_7^1$、$P_2\beta_8^2$ 等 8 个亚层内发育。柱状节理的发育是不均匀的，柱体大小、长度也不相同，以 $P_2\beta_3^2$、$P_2\beta_3^3$ 层最为发育，$P_2\beta_4^1$ 层底部发育的柱状节理，柱体直径在 1.2m 以上。典型柱状节理玄武岩如图 2.4 所示。

通过对柱状节理进行测量和统计，发现柱体截面形状以五边形及四边形占多数，典型柱体形状如图 2.5 所示。$P_2\beta_8^2$ 层柱体不明显，且发育不完整；$P_2\beta_7^1$、$P_2\beta_6^1$、$P_2\beta_4^1$ 层柱体截面以五边形为主，通常为四条长边及一条短边；$P_2\beta_3^3$ 层柱体不完整，微裂隙发育，截面形状不易判读，对发育较规则的 $P_2\beta_3^3$ 层的 264 个截面进行测量，得知四边形有 130 块，五边形有 123 块，六边形仅有 11 块，四边形与五边形占比相当；$P_2\beta_3^{2-2}$ 层柱体截面以四边形为主。

（a）$P_2\beta_8^2$层柱状节理玄武岩

（b）$P_2\beta_7^1$层柱状节理玄武岩（左：断口；右：柱体）

（c）$P_2\beta_6^1$层柱状节理玄武岩（左：弱风化柱体；右：微风化断口）

图 2.4　白鹤滩水电站典型柱状节理玄武岩图片

图 2.5　白鹤滩水电站第一类柱状节理玄武岩特征

2.3.3　硬性结构面分布特征

2.3.3.1　测试方法

通过搭配全站仪和预先设置的大地基准点，采用三维激光扫描仪可获取地下洞室地质结构状态信息和隧洞表面轮廓的三维大地坐标数据。三维激光扫描仪工作的基本原理是采用具

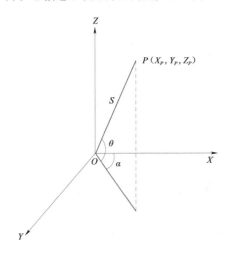

图 2.6　三维激光扫描仪的局部
坐标系示意图

备高速激光测时、测距技术的 TOF 脉冲测距法，具体而言，其通过扫描头向目标物发射窄束的激光脉冲，利用内部角度控制模块测量和控制每个激光的横向扫描角度 α 和纵向扫描角度 θ，利用内部距离测量模块计算发射激光和接收被反射回来的激光之间的时间差或相位差，进而计算出扫描中心到目标物之间的距离 S，并且可以根据反射回来的激光的强度，对目标点进行灰度匹配。对于三维激光扫描仪而言，采集数据使用的坐标系是以扫描仪自身中心为原点的局部坐标系，X、Y 轴一般在自身坐标系的水平面上，并且 Y 轴通常为扫描仪的扫描方向，Z 轴一般在局部坐标系的垂直方向，坐标系如图 2.6 所示。

由此得到三维激光扫描目标点 P 的坐标（X_P、Y_P、Z_P）的计算公式为

$$\begin{cases} X_P = S\cos\theta\cos\alpha \\ Y_P = S\cos\theta\sin\alpha \\ Z_P = S\sin\theta \end{cases} \tag{2.1}$$

利用三维激光扫描仪获得地下洞室结构面的点云数据，然后采用空间平面方程拟合结构面的数据点，获得结构面的法向量 $\boldsymbol{n}$（A，B，C），通过建立 $\boldsymbol{n}$ 与平面的单位法向量（0，0，1）的关系，可以得到结构面的倾向（$0° \leqslant \beta \leqslant 360°$）和倾角（$0° \leqslant \gamma \leqslant 90°$），具体计算公式为

$$\beta = \cos^{-1}\left| \frac{C}{\sqrt{A^2+B^2+C^2}} \right| \tag{2.2}$$

$$k = \cos^{-1}\frac{B}{\sqrt{A^2+B^2}} \tag{2.3}$$

$$\gamma = \begin{cases} k & (0 < C < 1, A \geqslant 0) \\ 360° - k & (0 < C < 1, A < 0) \\ 180° - k & (-1 < C < 0, A \leqslant 0) \\ 180° + k & (-1 < C < 0, A > 0) \end{cases} \tag{2.4}$$

式（2.3）和式（2.4）中，k 为结构面法向量在水平面上的一个角度值，当 $C = 0$ 时，结构面为竖直结构面；当 $C = \pm 1$ 时，结构面为水平结构面。

2.3.3.2　锦屏地下实验室硬性结构面基本特征及空间分布

锦屏地下实验室位于四川锦屏山内部，利用为锦屏二级水电站修建的锦屏山隧洞建

成，最大埋深约为 2400m，是世界上岩石覆盖最深的实验室，我国暗物质探测研究就在此开展。锦屏地下实验室整体由 4 洞 9 室构成，以功能和用途作为划分依据，1~6 号实验室设计为物理实验室，7~9 号实验室用于开展岩石力学相关研究。锦屏地下实验室采用钻爆法施工，而支护型式主要为锚杆和喷射混凝土支护，各实验室采用分布开挖的方式掘进，开挖步序依次是中导洞、边墙和下层。

　　图 2.7~图 2.10 分别给出了锦屏地下实验室 5~8 号实验室在分部开挖后揭露的硬性结构面产状统计结果，结构面产状分布图以三种不同的形式给出：极点赤平投影图、等密度图和玫瑰花图。其中，结构面极点赤平投影图为等角投影的上半球视图，极点赤平投影图和等密度图可以反映结构面的倾向和倾角以及相近产状结构面的积聚程度，而玫瑰花图可以反映结构面走向的情况。整体而言，锦屏地下实验室 5~8 号实验室揭露的硬性结构面的倾向整体上分布在隧洞轴线方向的倾向附近，即大部分硬性结构面的走向与隧洞轴线方向呈小角度相交，此结果是不利于围岩稳定性的；锦屏地下实验室 5~8 号实验室揭露的硬性结构面的倾角大部分大于 45°，还有相当数量的硬性结构面的倾角大于 75°，说明揭露的硬性结构面的倾角较大。与洞轴线呈小角度相交且倾角较大的硬性结构面容易发生滑移和张开破坏，因此锦屏地下实验室 5~8 号实验室在此类型硬性结构面揭露的区域容易造成应力集中，而硬性结构面影响区域的岩体强度会有一定程度的降低，所以此区域容易发生应力结构型破坏，如剥落、塌方和岩爆等。

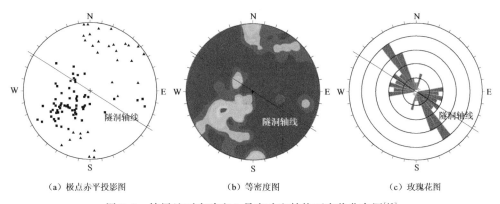

| （a）极点赤平投影图 | （b）等密度图 | （c）玫瑰花图 |

图 2.7　锦屏地下实验室 5 号实验室结构面产状分布图[16]

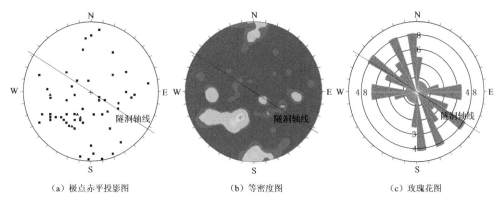

| （a）极点赤平投影图 | （b）等密度图 | （c）玫瑰花图 |

图 2.8　锦屏地下实验室 6 号实验室结构面产状分布图

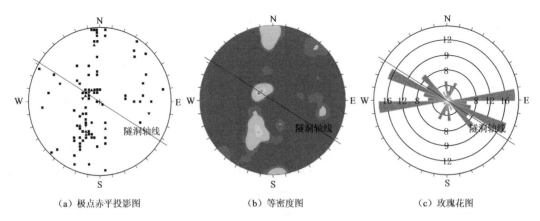

（a）极点赤平投影图　　　　　（b）等密度图　　　　　（c）玫瑰花图

图 2.9　锦屏地下实验室 7 号实验室结构面产状分布图

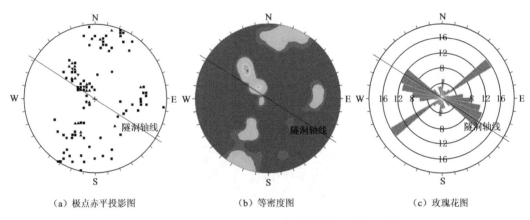

（a）极点赤平投影图　　　　　（b）等密度图　　　　　（c）玫瑰花图

图 2.10　锦屏地下实验室 8 号实验室结构面产状分布图

2.3.3.3　硬性结构面影响效应

锦屏地下实验室区域地应力高，6 号、7 号和 8 号实验室由于岩性较为完整而发生应力型脆性破坏的倾向性高，如在开挖扰动条件下，7 号和 8 号实验室整个断面位置都产生过片帮破坏，尤其是在边墙和拱肩位置；2 号、3 号、4 号和 9 号实验室由于岩性破碎而容易发生结构型破坏，如，在 3 号、4 号实验室与 2 号交通洞相连的交叉口区域，发生了复杂岩性挤压破碎带的塌方破坏；1 号和 5 号实验室岩性完整性介于上述的破碎到完整之间，因而容易发生应力结构复合型破坏，如 5 号实验室在开挖过程中发生了 "4 · 13" 岩爆。

1. 典型应力结构型剥落

图 2.11 为锦屏地下实验室典型的应力结构型剥落破坏照片，可以看出，结构面的走向基本与实验室洞轴线方向平行，结构面的倾角较大，破坏岩体位于结构面的下盘，围岩最后破坏的边界由结构面控制，结构面表面部分完整部分有滑痕，说明结构面发生了拉剪混合破坏。

（a）8号实验室南侧边墙K0+00～K0+15（边墙扩挖期间）　　（b）8号实验室南侧边墙K0+20～K0+35（下层开挖期间）

图 2.11　锦屏地下实验室典型应力结构型剥落破坏照片

2. 典型应力结构型岩爆

锦屏地下实验室开挖期间共发生了 4 次不同等级的岩爆事件："4·21"轻微岩爆、"4·23"极强岩爆、"5·28"强烈岩爆和"8·23"极强岩爆。4 次岩爆事件均位于背斜南东翼的 5～8 号实验室，且 3 次岩爆案例集中分布在 7 号和 8 号相连接的区域，极高的地应力、较完整的围岩条件、开挖强卸荷的作用和爆破扰动的影响是形成 4 次岩爆的重要因素，而硬性结构面的控制效应也是 4 次岩爆发生的关键条件。

第 3 章　结构面变形破裂的原位测试与解译

3.1　层间错动带非连续变形

针对长大错动带上下盘岩体非连续变形特征，白鹤滩水电站对层间错动带 C_2 错动变形进行直接监测的设备有 3 号和 4 号母线洞内埋设的测斜仪，测斜仪测值如图 3.1～图 3.4 所示，厂房边墙层间错动带 C_2 出露部位埋设的位错计也对层间错动带 C_2 错动变形进行监测，测值曲线如图 3.5～图 3.12 所示，位错计月变化量见表 3.1。

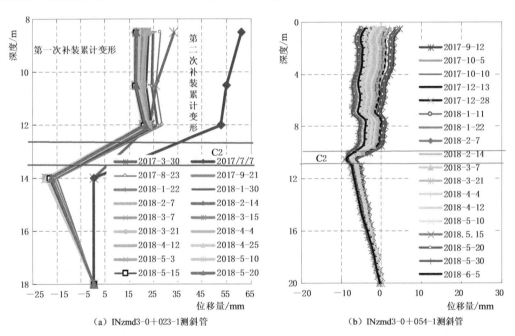

（a）INzmd3-0+023-1测斜管　　　　　（b）INzmd3-0+054-1测斜管

图 3.1　左岸地下厂房左厂 0+076.000 断面 3 号母线洞内测斜仪位移-深度曲线

表 3.1　左岸地下厂房下游边墙层间错动带 C_2 出露部位位错计测值及月变化量列表

位错计编号	部位	高程/m	2018年3月增量/mm	2018年4月增量/mm	2018年5月增量/mm	2018年6月增量/mm	当前测值/mm
Jzc0+000-1	下游边墙	559.60	−0.10	0.07	0.91	0.37	3.82
Jzc0+042-1	下游边墙	565.10	−0.04	−0.01	0.03	−0.03	−0.22

位错计编号	部位	高程 /m	2018年3月 增量/mm	2018年4月 增量/mm	2018年5月 增量/mm	2018年6月 增量/mm	当前测值 /mm
Jzc0+077−1	下游边墙	568.10	−0.01	0.01	0.01	0.03	−0.30
Jzc0+124−1	下游边墙	573.40	−0.05	−0.04	−0.02	−0.05	21.09
Jzc0+153−1	下游边墙	576.70	−0.05	−0.01	−0.03	0	−1.05
Jzc0+181−1	下游边墙	579.40	−0.03	0.06	0	0.01	0.73
Jzc0+229−1	下游边墙	584.50	0.01	0.01	0.10	0.04	0.35
Jzc0+267−1	下游边墙	590.00	0.02	−0.01	−0.01	−0.02	−0.55

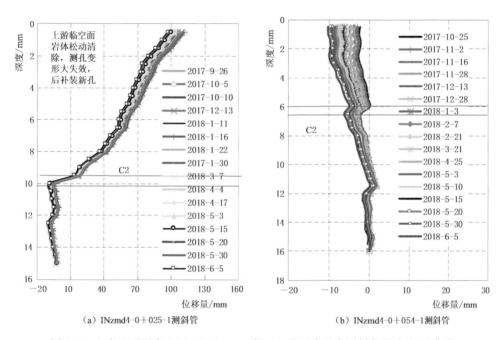

（a）INzmd4-0+025-1测斜管　　　　（b）INzmd4-0+054-1测斜管

图 3.2　左岸地下厂房左厂 0+114.000 断面 4 号母线洞内测斜仪位移-深度曲线

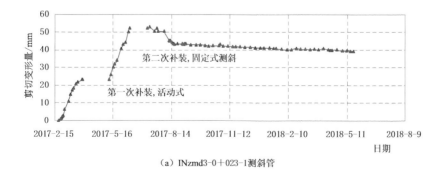

（a）INzmd3-0+023-1测斜管

图 3.3（一）　左厂 0+076.000 断面 3 号母线洞内测斜管内 C_2 上下盘剪切变形曲线

（b）INzmd3-0＋054-1测斜管

图 3.3（二）   左厂 0＋076.000 断面 3 号母线洞内测斜管内 C_2 上下盘剪切变形曲线

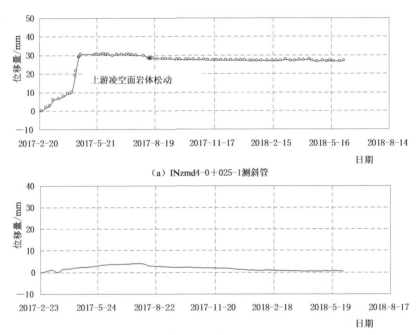

（a）INzmd4-0＋025-1测斜管

（b）INzmd4-0＋054-1测斜管6m处C_2上下盘剪切变形位移-时间曲线

图 3.4   左厂 0＋114.000 断面 4 号母线洞内测斜管内 C_2 上下盘剪切变形曲线

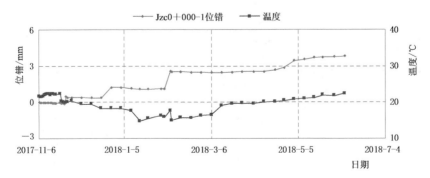

图 3.5   左厂 0＋000.000 断面厂房下游边墙 C_2 出露部位位错计变形曲线

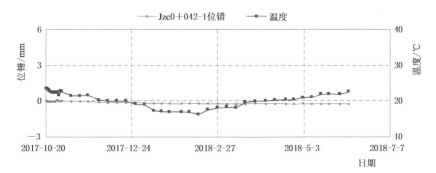

图 3.6　左厂 0+042.000 断面厂房下游边墙 C_2 出露部位位错计变形曲线

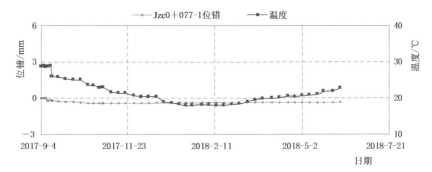

图 3.7　左厂 0+077.000 断面厂房下游边墙 C_2 出露部位位错计变形曲线

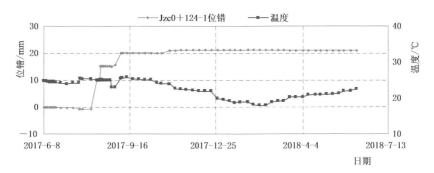

图 3.8　左厂 0+124.000 断面厂房下游边墙 C_2 出露部位位错计变形曲线

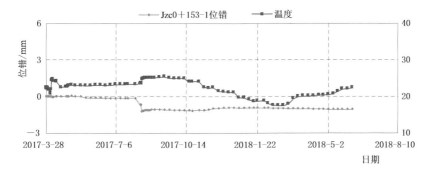

图 3.9　左厂 0+153.000 断面厂房下游边墙 C_2 出露部位位错计变形曲线

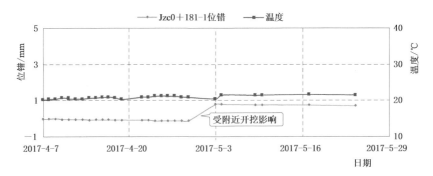

图 3.10　左厂 0＋181.000 断面厂房下游边墙 C_2 出露部位位错计变形曲线

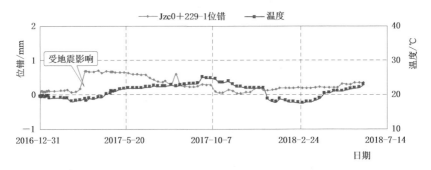

图 3.11　左厂 0＋229.000 断面厂房下游边墙 C_2 出露部位位错计变形曲线

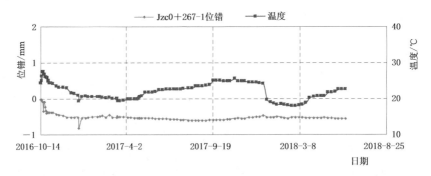

图 3.12　左厂 0＋267.000 断面厂房下游边墙 C_2 出露部位位错计变形曲线

3.1.1　测斜仪监测

3 号母线洞和 4 号母线洞内测斜仪获得了自 2017 年 2 月以来（即第 VI$_2$ 层开挖以来）的层间错动带 C_2 上下盘围岩错动变形。在厂房第 VI$_2$ 层至 VII$_2$ 层开挖期间，3 号母线洞靠近厂房边墙侧的测斜仪（位于 2 号置换洞与厂房边墙之间）显示 C_2 上下盘围岩已发生垂直于边墙方向约 52mm 的相对变形（2017 年 6 月 10 日测值，该设备已不能继续测量）。通过补装固定式测斜仪，2017 年 7 月 7 日重新获取数据，厂房边墙 3 号母线洞洞口下方层间错动带 C_2 已完全揭露，监测数据显示 C_2 上下盘围岩垂直于边墙方向的相对变形曲线收敛，相对变形为 39.06mm，说明该处层间错动带 C_2 上下盘围岩处于相对稳定状态，错动未进一步发展。

在厂房第$Ⅵ_2$层至$Ⅶ_1$层开挖期间，4 号母线洞靠近厂房边墙侧的测斜仪测值显示 C_2 上下盘围岩发生垂直于边墙方向的相对变形约 30mm（2017 年 4 月 25 日测值，该设备已不能继续测量）。通过补装测斜仪，2017 年 5 月 18 日重新获取数据，监测数据显示 C_2 上下盘围岩垂直于边墙方向的相对变形曲线收敛，目前相对变形为 26.82mm，说明该处层间错动带 C_2 上下盘围岩处于相对稳定状态，错动未进一步发展。

3 号母线洞和 4 号母线洞内靠近主变洞侧（位于 2 号置换洞以外）的测斜仪监测显示 C_2 上下盘围岩发生垂直于边墙方向的相对变形较小，分别约为 1.81mm 和 0.52mm，说明 2 号置换洞限制 C_2 上下盘围岩相对变形的作用明显，阻断了沿 C_2 的错动变形向围岩深部扩展，错动变形主要发生于厂房边墙至置换洞间的围岩。

3.1.2 位错计监测

在厂房下游边墙层间错动带揭露后，于围岩表面布置位错计，以监测开挖后层间错动带 C_2 的错动发展情况。

表 3.1 为位错计 2018 年 3—6 月的月增量和当前测值。监测到位错计测值较大的测点位于左厂 0+124.000 断面下游边墙 573.40m 高程处，当前值为 21.09mm；变化量相对较大的测点位于左厂 0+000.000 断面下游边墙 559.60m 高程处，在 2018 年 6 月增加了 0.37mm，当前值为 3.82mm，其他部位位错计月变化量基本在 0.05mm/月以内。

可见，层间错动带 C_2 上下盘围岩处于相对稳定状态，错动未进一步发展。

3.1.3 多点位移计监测

左岸地下厂房边墙围岩变形以下游边墙相对较大，且下游边墙洞室多，围岩挖空率较高，层间错动带 C_2 对下游边墙稳定不利，因此下游边墙沿 C_2 出露部位布置了穿过 C_2 的多点位移计，测值见表 3.2。

表 3.2　左岸地下厂房下游边墙穿过层间错动带 C_2 的多点位移计及测值

序号	设备编号	高程/m	桩号	部位	测点距厂房开挖面不同距离的位移计测值/mm										
					0m	1.5m	3.0m	4.5m	6.0m	6.5m	9.0m	10.0m	12.0m	18.0m	20.0m
1	Mzc0+286-1	586.73	左厂0+286.900	安装场端墙	7.44	6.84		5.63	上盘/下盘				2.91	1.95	
2	Mzc0+042-2	566.30	左厂0+042.000	下游边墙	13.88	13.63		13.60	上盘/下盘			12.29			0.96
3	Mzc0+077-7	568.50	左厂0+077.300	下游边墙	37.36	37.26		34.41	上盘/下盘			18.03			11.40
4	Mzc0+124-3	574.50	左厂0+124.000	下游边墙	80.55	80.57			67.36	上盘/下盘	57.33				41.19
5	Mzc0+153-7	576.10	左厂0+153.300	下游边墙	74.83	76.38	上盘/下盘			60.35			51.44		0.72
6	Mzc0+181-2	579.90	左厂0+181.000	下游边墙	57.17	58.37		52.12	上盘/下盘			22.37			7.14

续表

序号	设备编号	高程/m	桩号	部位	测点距厂房开挖面不同距离的位移计测值/mm										
					0m	1.5m	3.0m	4.5m	6.0m	6.5m	9.0m	10.0m	12.0m	18.0m	20.0m
7	MZMD7-0+018-1	585.40	左厂0+234.750	下游边墙	25.88		27.22	上盘/下盘			10.46				
8	MZMD8-0+018-1	589.00	左厂0+267.300	下游边墙	41.22		33.09	上盘/下盘			8.50				
9	Mzc0+328-6	599.20	左厂0+328.000	下游边墙	47.62	47.22		5.63		上盘/下盘			2.91		

注　上盘侧的测点位于 C_2 上盘，下盘侧的测点位于 C_2 下盘。

对于每套多点位移计位于层间错动带 C_2 上盘的测点变形基本一致，因此 C_2 下盘围岩的测点变形往岩体内逐渐减小。下游边墙沿层间错动带 C_2 部位围岩变形量值较大的测点位于左厂0+124.000、左厂0+153.000和左厂0+181.00断面，在3~5号机组段，表层变形量分别为80.55mm、74.83mm和57.17mm。

从2018年5月围岩变形月变化量来看（表3.3），层间错动带 C_2 上下盘围岩变形月变化量基本一致，多数测点月变化量小于0.5mm，有3处围岩变形月变化量超过1mm，位于左厂0+042.000，左厂0+124.000和左厂0+234.000断面，月变化量分别为1.22mm、1.22mm和-7.51mm。

表3.3　　　　　左岸地下厂房下游边墙穿过层间错动带 C_2 的多点位移计及2018年5月变化量

序号	设备编号	高程/m	桩号	部位	测点距厂房开挖面不同距离的位移计测值/mm										
					0m	1.5m	3.0m	4.5m	6.0m	6.5m	9.0m	10.0m	12.0m	18.0m	20.0m
1	Mzc0+286-1	586.73	左厂0+286.900	安装场端墙	-0.12	-0.26		0.03	上盘/下盘				-0.03	-0.04	
2	Mzc0+042-2	566.30	左厂0+042.000	下游边墙	1.22	1.23		1.15	上盘/下盘		0.89				-0.21
3	Mzc0+077-7	568.50	左厂0+077.300	下游边墙	0.35	0.36		0.35	上盘/下盘		0.10				0.08
4	Mzc0+124-3	574.50	左厂0+124.000	下游边墙	1.22	1.27			1.30	上盘/下盘	1.28				0.90
5	Mzc0+153-7	576.10	左厂0+153.300	下游边墙	0.64	0.67	上盘/下盘			0.60			0.81		0.44
6	Mzc0+181-2	579.90	左厂0+181.000	下游边墙	-0.01	0.01		0.26		上盘/下盘	0.04				0.01
7	MZMD7-0+018-1	585.40	左厂0+234.750	下游边墙	-7.51		-7.44	上盘/下盘			-7.45				
8	MZMD8-0+018-1	589.00	左厂0+267.300	下游边墙	0.48		0.52	上盘/下盘			0.11				
9	Mzc0+328-6	599.20	左厂0+328.000	下游边墙	0.88	0.89		0.83		上盘/下盘	0.83				

注　上盘侧的测点位于 C_2 上盘，下盘侧的测点位于 C_2 下盘。

3.1.4 锚索测力计监测

左岸地下厂房上下游边墙沿 C_2 出露部位布置了穿过 C_2 的锚索测力计，包含端墙，共 10 支锚索测力计，表 3.4 可见 2018 年 3—6 月锚索荷载月变化量。

表 3.4 左岸地下厂房穿过层间错动带 C_2 的锚索测力计测值

设备编号	桩号	高程 /m	部位	月变化量/(kN/月)				当期荷载 /kN	超设计 荷载率 /%
				2018 年 3 月	2018 年 4 月	2018 年 5 月	2018 年 6 月		
DPzc0+286-1	左厂 0+286.900	588.00	安装场端墙	5.33	3.60	-0.20	4.09	1584.85	-21
DPzc0+229-3	左厂 0+229.300	574.70	上游边墙	27.24	18.09	15.15	-0.42	1715.91	-31
DPzc0+267-2	左厂 0+267.300	579.08	上游边墙					1612.43	-36
DPzc0+012-1	左厂 0+012.000	563.64	下游边墙	18.69	21.47	43.09	-28.45	1573.84	-37
DPzc0+036-1	左厂 0+036.000	566.09	下游边墙	14.19	49.67	51.04	20.38	1747.79	-30
DPzc0+062-1	左厂 0+062.000	568.95	下游边墙	-0.31	11.87	12.88	22.82	1840.93	-26
DPzc0+077-5	左厂 0+076.800	570.53	下游边墙	29.30	22.40	-1.26	5.31	1604.35	-36
DPzc0+157-1	左厂 0+153.300	578.20	下游边墙	8.93	-5.88	-0.25	-2.54	2116.09	-15
DPzc0+233-1	左厂 0+229.300	587.38	下游边墙	2.51	-8.08	-108.70	-10.82	1372.35	-31
DPzc0+330-4	左厂 0+328.000	598.10	下游边墙	-3.15	-2.46	-0.09	1.19	1660.04	-34

沿 C_2 出露部位布置的穿过 C_2 的锚索，荷载均未超过设计荷载 2500kN，荷载相对较大的测点位于左厂 0+153.300 断面下游边墙 578.20m 高程处，为 2116.09kN。2018 年 3—6 月，多数锚索荷载月变化量在 10kN 以下，2018 年 6 月锚索变化量超过 10kN 的有 4 支，变化明显的测点位于小桩号段 C_2 出露部位，其中左厂 0+012.000、左厂 0+036.000 和左厂 0+062.000 断面下游边墙，分别为 28.45kN/月、20.38kN/月和 22.82kN/月。

3.2 柱状节理松弛

3.2.1 单孔声波设备监测

单孔声波设备可以通过波速的变化判断岩体松弛深度，根据波速与变形模量的关系曲线判定松弛层的岩体力学参数。单孔声波监测是利用一发双收换能器在孔内向周围介质发射和接收声波，声波在孔壁岩体上传播一定距离后由间距为 20 cm 的两只接收换能器接收，读取两道接收换能器声波初至的时间差，将两只接收换能器的间距除以时间差即为接收换能器所在位置孔壁岩体的声波速度（以下简称"波速"）。单孔声波测试一般由孔底向孔口以 0.1~0.2m 的点距逐点测试。

白鹤滩水电站单孔声波测试使用武汉岩海工程技术公司生产的 RS-ST01C 声波检测仪，配置压电式一发双收换能器，换能器主频为 25 kHz。RS-ST01C 声波检测仪的声时

采样精度高达 $0.1\mu s$，具有采样精度高、性能稳定可靠及数据处理能力强等优点。该仪器性能稳定，操作简便，符合相关规程规范的要求。

1. 松弛层划分标准

白鹤滩水电站柱状节理玄武岩松弛的监测方法以声波长期观测孔所测试的钻孔声波为主，以钻孔全景成像为辅。单孔声波较为便捷，能够建立岩体变形模量与声波的关系，因此白鹤滩的岩体松弛测试及标准以声波测试成果为准。根据测试成果，柱状节理玄武岩松弛层划分标准见表 3.5。

表 3.5 柱状节理玄武岩松弛层划分标准

岩体类别	岩　　性	波速/(m/s)	
		未松弛岩体	松弛岩体
II	第二类柱状节理玄武岩	≥5100	5100～4500
III₁	第一类、第二类柱状节理玄武岩	4700～5100	4000～3500
III₂	第一类、第二类柱状节理玄武岩	4000～4700	

2. 监测布置方案

为查明柱状节理玄武岩的松弛特征，对坝基左岸 PD36、PD61、PD133 和右岸 PD37 勘探平洞密集揭露的柱状节理玄武岩进行全洞段声波测试，且在 PD36、PD37 勘探平洞微新无卸荷岩体中采取扩大断面尺寸、光面爆破开挖专门观测洞段松弛特征。各断面钻孔 7 个，各孔孔深 12～14m。

为探究大面积开挖后柱状节理玄武岩的松弛特征，在右岸 525m 高程处的微新无卸荷岩体内开挖 13m×6.5m（高×宽）、长 50m 的试验洞，模拟地下洞室开挖与锚固条件下岩体松弛特性。

为研究固结灌浆效果对柱状节理玄武岩的松弛特征的影响规律，在左岸柱状节理玄武岩微新无卸荷岩体洞段开挖 7m×12m（高×宽）、长 16m 的场地，进行 8m×8m 的固结灌浆试验。

为分析柱状节理玄武岩松弛的时间效应和尺寸效应，对坝基和导流洞岩体松弛进行测试。

3. 勘探平洞监测结果

各勘探平洞洞壁（2m×2m）松弛层厚度平均为 0.22～0.35m，随着岩体风化程度的提高，松弛深度逐渐增加，其中 PD36 平洞弱风化上段松弛深度最大，达到了 0.45m（表 3.6）。

表 3.6 勘探平洞洞壁岩体松弛深度统计表

洞号	洞壁	松弛深度/m				
		弱风化上段	弱风化下段	微风化段	新鲜段	平均值
PD36	左壁	0.45	0.36	0.36	0.23	0.35
PD37	右壁	0.28	0.20	0.16	/	0.22
PD61	左壁	0.23	0.28	0.17	0.32	0.23
PD133	左壁	0.32	0.18	0.27	/	0.25
平均值		0.32	0.26	0.23	0.28	0.26

如图 3.13 所示，PD36 平洞扩大断面洞壁（3m×3m）松弛深度为 0.5～1.0m，其中洞顶松弛深度最大，洞底次之，左右洞壁最小；PD37 平洞扩大断面洞壁（3m×3m）松弛深度为 0.35～1.0m，其中洞底松弛深度最大，洞顶次之，左右洞壁最小。两个松弛测试扩大断面左右洞壁松弛深度为 0.35～0.6m，远大于其无扩大断面侧壁的松弛深度（表3.6），说明洞壁松弛深度随断面扩大而显著增加。

4. 模拟试验洞

试验洞断面为城门洞形，尺寸为 70m×13m×6.5m（长×高×宽），分为支护段和毛洞段两个研究段，位置分别为 0～30m 和 30～70m。试验洞分三层开挖，第一层和第二层高度均为 4m，第三层高度为 5m。试验洞布置 3 个综合断面：A-3、B-1 和 C-1，分别布置于试验洞，洞深分别为 23m、36m 和 47m，每个断面在两壁、拱顶和拱肩共布置 7个钻孔，每层开挖后各断面均进行声波测试。

第一层开挖后，试验洞拱肩松弛厚度最大，而第二层和第三层开挖后，试验洞侧壁松弛厚度最大，最大值达到 3.80m；整个试验洞开挖期间，试验洞拱顶松弛厚度最小，松弛深度始终不大于 1m，而侧壁松弛岩体波速降低率最高，在第三层开挖后降低率接近50%（表 3.7）。

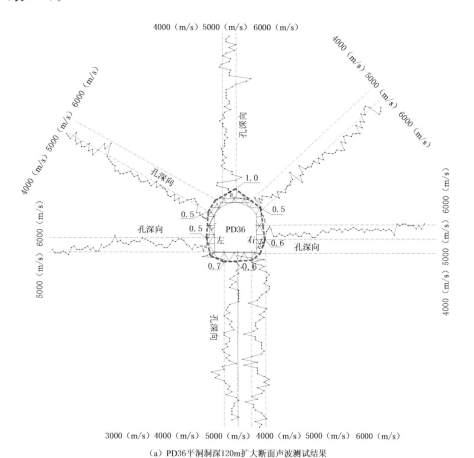

（a）PD36 平洞洞深120m扩大断面声波测试结果

图 3.13（一）　PD36 和 PD37 平洞断面声波测试结果（单位：m）

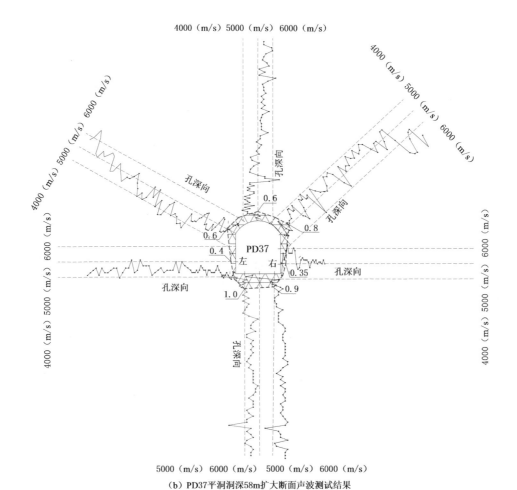

（b）PD37平洞洞深58m扩大断面声波测试结果

图 3.13（二）　PD36 和 PD37 平洞断面声波测试结果（单位：m）

表 3.7　　　　　　　　　　模拟试验洞开挖后松弛层特征统计表

开挖顺序	位置	松弛厚度/m		松弛岩体波速/(m/s)	未松弛岩体波速/(m/s)	波速降低率/%
		深度	平均值			
第一层开挖完成	拱顶	0.80	0.80	4206	4902	14.20
	侧壁	0.40～0.80	0.67	4330	5373	19.40
	拱肩	0.40～1.20	0.96	4392	4954	11.30
第二层开挖完成	拱顶	0.80～1.00	0.93	3949	4975	20.60
	侧壁	0.70～2.30	1.44	3065	5292	42.10
	拱肩	0.50～1.90	1.36	4308	4978	13.50
第三层开挖完成	拱顶	0.80～1.10	0.97	3723	4937	24.60
	侧壁	1.60～3.80	2.34	2738	5419	49.50
	拱肩	0.70～1.60	1.23	3975	5045	21.20

随着开挖的不断进行，试验洞各部位松弛厚度均不断增加，侧壁松弛厚度增加了近 3 倍，说明柱状节理玄武岩松弛的开挖空间效应十分显著。

非锚固段底板岩体松弛厚度范围为 1.0～2.1m，均值为 1.40m；松弛岩体波速均值为 3692m/s，未松弛岩体波速均值为 5205m/s。锚固段底板岩体松弛厚度范围为 0.7～1.5m，均值为 1.09m；松弛岩体波速均值为 3993m/s，未松弛岩体波速均值为 5230m/s。测试结果表明，锚固段的松弛深度降低了 21%～28%，锚固对松弛层深度的发展起到了一定的抑制作用。

5. 固结灌浆试验场地

在灌浆大厅四壁钻取 10 个声波孔，孔号为 1～10 号，孔深为 3.6～4m，钻孔垂直于洞壁水平钻进；在灌浆前、后对底板测试孔和检查孔均进行声波测试，灌前钻孔编号为 SQ－J1～SQ－J5，灌后钻孔编号为 SQ－P1～SQ～P4、SQ－B1～SQ－B8。11～15 号孔虽然在灌后钻取，但在灌浆区外，可认为与灌浆前的初始状态相近，钻孔岩体波速作为灌浆前波速分析。

灌浆区岩体松弛测试结果见表 3.8，声波测试结果发现 SQ－J1 为 1.8m、SQ－J5 为 0.8m，小于依据电视图像判别的松弛厚度，分析是因为部分孔段掉块，据此判别松弛厚度偏大，所以以声波测试成果为准。表 3.8 表明，松弛岩体的波速变化较大，但总体为 3500～4000m/s；洞壁岩体松弛厚度范围为 0.2～2.4m，均值为 1.11m，底板岩体松弛厚度范围为 0.4～3.1m，均值为 2.11m；洞壁岩体的松弛是爆破损伤和应力松弛的综合反映，底板由于清除了部分松弛岩体，测试时的松弛主要为应力释放的结果，故底板在清除前松弛厚度应远大于洞壁。

6. 坝基

左岸坝基高程 665～600m 段第一类柱状节理玄武岩松弛深度为 0.4～4.0m，平均深度为 1.2m；河床坝基左岸侧高程 600～570m 段声波监测结果显示松弛深度为 0.4～2.2m，

表 3.8　　　　　　　　　　灌浆试验区松弛层厚度和波速统计表

位置	状态	孔号	松弛层厚度/m			松弛岩体波速/(m/s)		未松弛岩体波速/(m/s)		波速降低率/%
			单孔残留	单孔总厚度	总厚度平均值	单孔	平均值	单孔	平均值	
侧壁	灌前	1 号	0.80	0.80	1.11	4273	3640	5341	5103	28.70
		2 号	0.20	0.20		4885		5411		
		3 号	1.50	1.50		2500		4565		
		4 号	2.40	2.40		2500		4710		
		5 号	1.00	1.00		4449		4940		
		6 号	2.40	2.40		4119		5222		
		7 号	1.10	1.10		4699		5185		
		8 号	0.40	0.40		5290		5419		
		9 号	0.30	0.30		3677		4990		
		10 号	0.70	0.70		3501		5251		

位置	状态	孔号	松弛层厚度/m			松弛岩体波速/(m/s)		未松弛岩体波速/(m/s)		波速降低率/%
			单孔残留	单孔总厚度	总厚度平均值	单孔	平均值	单孔	平均值	
底板	灌前	11号	1.50	2.50		3940		5344		
		12号	0.60	1.60		3634		4976		
		13号	0.90	1.90		4068		4961		
		15号	1.50	2.50		3712		5080		
		SQ-J1	1.80	3.10		3723	3771	4977	5040	25.20
		SQ-J2	<1.20	<2.40		—		—		
		SQ-J3	0.40	1.30		—		—		
		SQ-J4	<1.10	<2.40		—		—		
		SQ-J5	0.80	1.80		3445		5040		
	灌后	SQ-P1	1.80	2.90	2.11	4280		5357		
		SQ-P2	1.00	2.24		3650		5140		
		SQ-P3	0.80	2.00		4490		5070		
		SQ-P4	0.80	2.20		3863		5236		
		SQ-B1	1.70	2.70		3701		5135		
		SQ-B2	1.20	2.20		3713	4027	5264	5322	24.30
		SQ-B3	0.90	1.90		3837		5428		
		SQ-B4	0.60	1.60		4061		5355		
		SQ-B5	0.50	1.50		4261		5480		
		SQ-B6	0.90	1.90		4430		5416		
		SQ-B7	0.60	1.60		4518		5400		
		SQ-B8	1.10	2.10		4019		5586		

平均松弛深度为1.4m；河床高程545m段声波监测结果显示松弛深度为0.4～2.8m，平均松弛深度为1.5m；河床右岸侧高程600～545m段声波监测结果显示松弛深度为0.2～2.8m，平均松弛深度为1.3m。

7. 导流洞

3号导流洞K0+320断面声波监测结果表明，开挖完成时，松弛深度为1.4～2m；随着掌子面的推进，松弛深度由1.5m（右壁）增加至2.5m，随时间延长，最终达到3m。

4号导流洞K1+040断面声波监测结果表明，开挖完成时，左右边墙松弛深度为1.0～2.5m，随着时间的延长及下层的开挖，松弛深度增加；距离下层底板9m处的围岩松弛深度最大为7.7m，测试时间段增幅最大的钻孔松弛深度从5.2m增大到7.5m；距离下层底板3m处围岩最大松弛深度为3.6m。

3.2.2　钻孔全景成像仪监测

钻孔电视可以直观地判读岩体松弛的深度及岩体结构。钻孔全景成像是将钻孔电视摄像探头通过电缆和深度计数设备沿着孔壁从上往下移动，摄录带方位指示的钻孔全孔壁图像，通过观察与分析孔壁图像，划分岩性、地质构造、岩体结构等。

钻孔全景成像使用武汉长盛工程检测技术开发公司生产的 JL－IDOI（A）和和武汉固德科技有限公司生产的 GD3Q－GA 智能钻孔电视成像仪，配备外径为 67mm 的探头。两套设备均带编辑分析软件，各项性能优于规范的要求。

柱状节理玄武岩固结灌浆试验区底板经爆破开挖后，清除松弛破碎岩体厚约 1m，浇筑混凝土盖板厚 0.9～1.3m，洞壁采用一般的爆破手段，未留保护层及预裂孔。

在灌浆区，首先对 5 个灌前测试孔进行全孔电视观察，钻孔布置如图 3.14 所示。

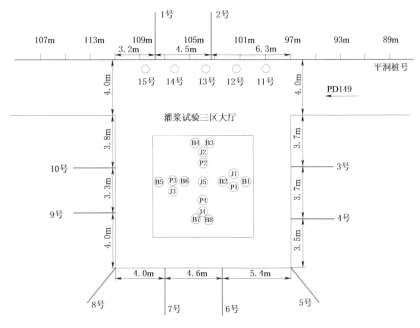

图 3.14　灌浆试验区测试钻孔布置示意图

（1）SQ－J1 孔。孔深 0～2.20m，未观测；孔深 2.2～3.5m，观测到灰黑色柱状节理玄武岩微裂隙发育，孔壁有掉块现象；孔深 3.5m 以下，孔壁光滑，岩体紧密，无明显的掉块现象。因此，判断松弛层深度小于 3.5m，如图 3.15 所示。

（2）SQ－J2 孔。孔深 0～2.4m，未观测；孔深 2.4～3.6m，观测到灰黑色柱状节理玄武岩微裂隙呈龟裂状，总体紧密，孔壁总体光滑，仅局部掉块；孔深 3.6m 以下，除局部错动带两侧见掉块外，整体上孔壁光滑；测试段岩体松弛不明显。因此，判断松弛层深度小于 2.4m。

（3）SQ－J3 孔。孔深 0～0.9m，为混凝土；孔深 0.9～1.3m，观测到裂隙张开，孔壁掉块，岩体松弛明显；孔深 1.3m 以下，除局部错动带见岩体破碎、掉块外，岩体紧密，孔壁光滑。因此，判断岩体松弛层在孔深 0.9～1.3m 段，松弛层厚度为 0.4m，如图

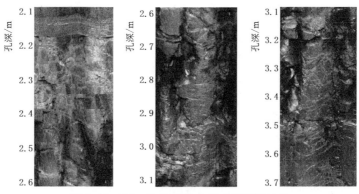

图 3.15　SQ-J1 孔钻孔全景成像测试结果

3.16 所示。

（4）SQ-J4 孔。孔深 0～2.4m，未观测；孔深 2.4m 以下，除局部错动带见岩体破碎、掉块外，岩体紧密，孔壁光滑。因此，判断松弛层深度小于 2.4m。

（5）SQ-J5 孔。孔深 0～1.0m，为混凝土；孔深 1.0～3.6m，观测到灰黑色柱状节理玄武岩，陡倾角裂隙发育，掉块明显；孔深 3.6m 以下，局部掉块；孔深 10.7～12.0m，岩体呈弱风化，裂隙发育，掉块明显。因此，判断松弛层深度为 3.6m，厚度为 2.6m。

根据钻孔全景成像结果判断，灌浆区底板各钻孔岩体松弛程度不一，松弛深度范围为 1.3～3.6m，厚度为 0.4～2.6m。

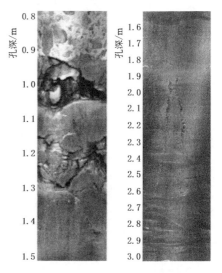

图 3.16　SQ-J3 孔钻孔全景成像测试结果

3.3　硬性结构面脆性开裂

3.3.1　钻孔全景成像仪监测

3.3.1.1　测孔布置

白鹤滩水电站右岸地下厂房从厂南至厂北共布设 5 个钻孔摄像监测断面，桩号分别为 0－040、0＋072、0＋090、0＋190、0＋320，每个断面布置两个钻孔，从地下厂房上方的 1 号、2 号锚固洞向厂房顶拱钻设，另外在 0＋020、0＋133 正顶拱分别布置了一个钻孔。钻孔 1 号对应上游侧顶拱，2 号对应下游侧顶拱，比如 R－K0－040－0－2 代表右岸 0－040 桩号下游侧钻孔。由于堵孔及被掩埋等原因，目前右岸厂房顶拱可观测钻孔共 7 个。

另外在右岸厂房Ⅴa 层下游侧墙有两个钻孔：0＋237 孔和 0＋274 孔，并利用Ⅳ层下游边墙的 0＋131 多点位移计钻孔进行了一次观测，3 孔均垂直于边墙，3 个钻孔的布置如图 3.17～图 3.19 所示。

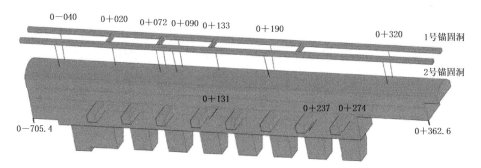

图 3.17 右岸地下厂房钻孔摄像观测孔所在桩号和位置

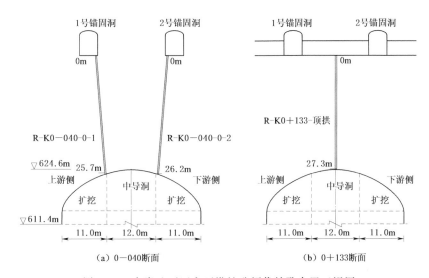

图 3.18 右岸地下厂房顶拱钻孔摄像钻孔布置正视图

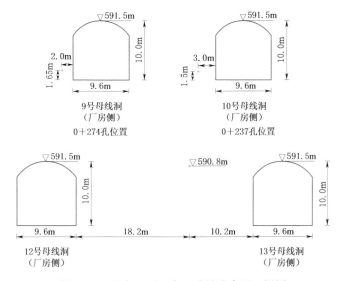

图 3.19 右岸地下厂房边墙钻孔布置正视图

3.3.1.2　观测结果

1. 顶拱钻孔

多次对右岸地下厂房顶拱各钻孔在Ⅴ层开挖期间的围岩破裂情况进行了孔内摄像观察。表3.9统计了各钻孔围岩破裂演化情况。各钻孔围岩破裂摄像如图3.20所示（2017-5-11，右岸厂房Ⅴ层已经开挖完毕）。

表 3.9　　　　　　　　　　　　　　右岸厂房顶拱钻孔围岩破裂演化

位置	孔号	最新观测日期	钻孔围岩破裂情况
上游侧拱	R-K0-040-0-1	2017-4-16	孔深25.7m，观测深度为17.0m（距顶拱约8.7m），此处下部为C₄错动带，可能由于塌孔，下部岩体已无法观测
	R-K0+072-0-1	2017-5-11	孔深27.6m，观测深度为16.0m，距顶拱7.5~8.1m和11.0~12.0m处节理张开型岩体破裂较为严重，探头无法继续向下观测，之前观测到距顶拱2.0~24.0m的范围都有孔壁剥落（深部岩体破裂及多数孔壁剥落为Ⅲb层开挖时产生）。Ⅲ层开挖结束后深部破裂岩体局部裂隙出现宽度增加等时效破裂现象，Ⅳ层开挖时，距顶拱12.2m岩体两条孔壁剥落之间一条细小裂隙逐渐破裂，自Ⅳ层开挖结束至今，围岩深层破裂未向围岩更深处扩展，局部围岩存在细微劣化
	R-K0+090-0-1	2017-5-11	孔深27.7m，观测深度为19.3m，距顶拱8.0~8.6m附近的节理张开型岩体破裂（Ⅲb层开挖时产生），探头无法继续向下观测，距顶拱8.0~11.0m范围有孔壁剥落（Ⅲb层开挖时产生）。Ⅲ层开挖结束后，距顶拱9.4m有一非贯通细微裂隙产生，但自Ⅳ层开挖结束至今，围岩更深部未产生新生破裂，孔壁围岩未有进一步明显的劣化
	R-K0+190-0-1	2017-5-11	孔深28.0m，观测深度为27.3m，距顶拱2.7m范围内岩体破裂明显，另外距顶拱4.3~7.3m可观察到零散分布的孔壁剥落（主要在Ⅲ层开挖期间出现，Ⅳ层开挖时剥落向深部延伸0.6m）。Ⅴa层开挖时，距顶拱6.9m附近新增一长10cm的孔壁剥落，局部已有剥落有轻微扩展延伸，无新生岩体贯通型破裂
正顶拱	R-K0+020-顶拱	2017-5-11	孔深26.1m，观测深度为21.0m，距顶拱5.0m附近有宽5~15cm的结构面，近期似乎是被浆液填充，距顶拱5.4m也有一条宽约1cm的张开结构面，距顶拱7.5m附近有宽10~40cm的白色石英岩脉，其他部位岩体未观察到明显的破裂现象（注：以上结构面2015年12月12日首次观察时即发现）
	R-K0+133-顶拱	2017-5-11	孔深27.3m，观测深度为25.3m，距顶拱8.8m附近有一条宽约20cm的结构面，9.1~9.9m孔壁出现剥落（2015年12月12日首次观察时即发现），Ⅲ层开挖结束后，结构面附近岩体存在新生细小裂隙等时效破裂现象。自Ⅳ层开挖以来，顶拱围岩未有进一步明显的劣化
下游侧拱	R-K0+190-0-2	2017-5-11	孔深27.2m，观测深度为26.0m，距顶拱2.1~2.8m、3.3~3.9m和4.4~7.9m有孔壁剥落，同时距顶拱4.5m处孔壁剥落之间岩体破裂，但未贯通。此破裂主要发生在Ⅳ层和Ⅴa层开挖期间，Ⅴa层开挖时局部剥落延伸，破裂宽度增加
	R-K0+320-0-2	2017-5-11	孔深27.0m，观测深度为25.6m，距顶拱约2.4m处节理张开，由于此桩号对应安装场，仅开挖到Ⅳ层，自Ⅳ层开挖结束后，顶拱围岩未有明显变化

注　孔深均为至厂房顶拱边界。

综上所述，自厂房Ⅳ层开挖后，上游侧顶拱钻孔围岩深部破裂未继续向围岩更深部扩展，但局部孔壁围岩新生细微裂隙，新生小范围孔壁剥落，并存在局部剥落扩展、贯通等岩体轻微劣化现象。桩号0+190附近下游侧顶拱岩体劣化较为明显，须引起注意。右岸

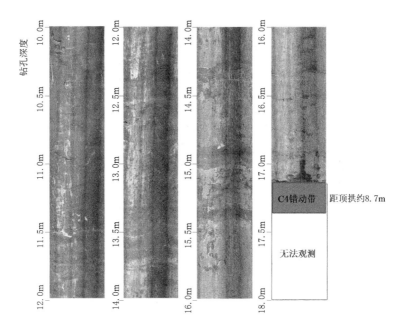

(a) R-K0—040-0-1 (2017-4-16)

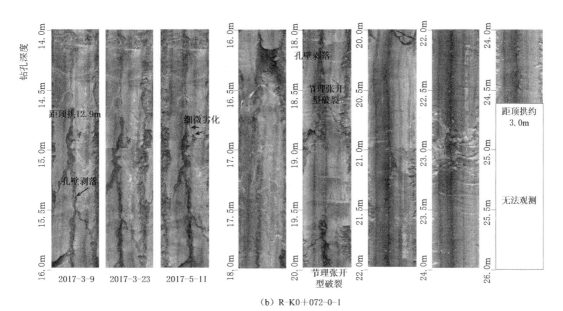

(b) R-K0+072-0-1

(左边3张图片分别是2017年3月9日、2017年3月23日和2017年5月11日的14.0～16.0m处图像的观测结果，右边5张图片是2017年3月9日的16.0～26.0m处图像的观测结果。2017年3月9日时Ⅳ层仅剩0+047～0+131孤岛未开挖，2017年3月23日孤岛段Ⅳ层开挖完毕，2017年5月11日时0+047～0+131段Ⅴa层已经开挖完毕)

图 3.20（一）　右岸地下厂房顶拱各钻孔围岩破裂摄像观测展布图

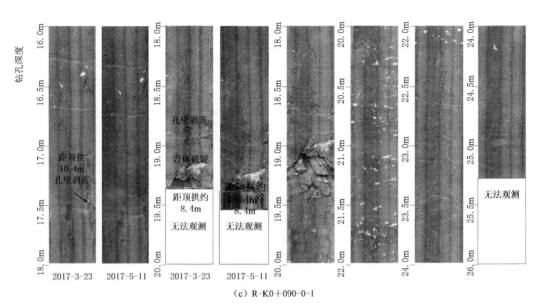

（c）R-K0＋090-0-1

（左边4张图片分别是2017年3月23日、2017年5月11日观测的16.0～18.0m、18.0～20.0m处的观测结果，右边4张
图片是2016年11月26日观测的18.0～26.0m处图像。2016年11月26日时Ⅳ层已开挖空范围0＋170～0＋362.6，
其他观测日期对应的施工信息见（b）图）

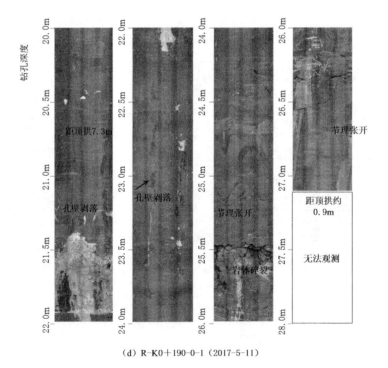

（d）R-K0＋190-0-1（2017-5-11）

图 3.20（二） 右岸地下厂房顶拱各钻孔围岩破裂摄像观测展布图

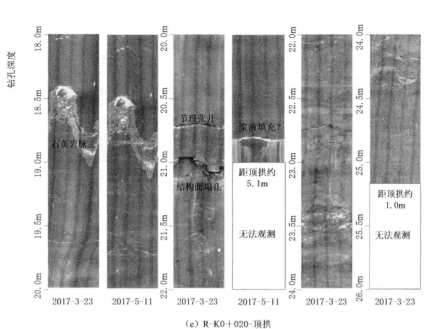

(e) R-K0+020-顶拱

（左边4张图片分别是2017年3月23日、2017年5月11日观测的18.0~20.0m、20.0~22.0m处的观测结果，右边2张图片是2017年3月23日观测的22.0~26.0m处图像）

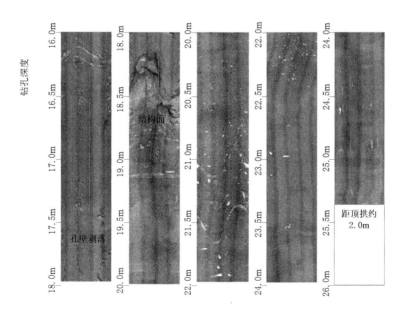

(f) R-K0+133-顶拱（2017-5-11）

图3.20（三） 右岸地下厂房顶拱各钻孔围岩破裂摄像观测展布图

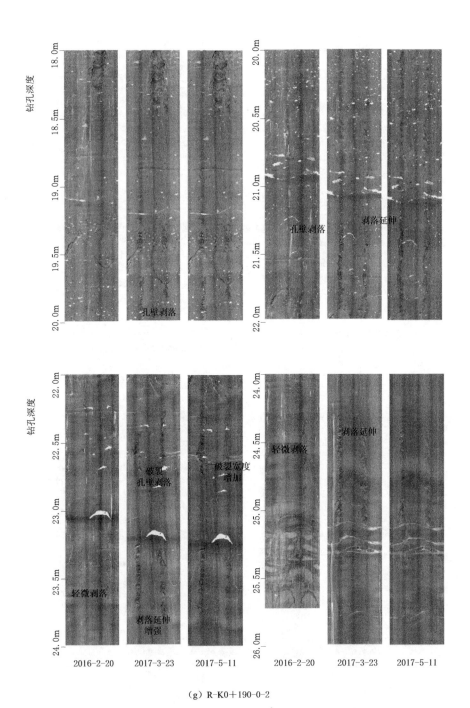

（g）R-K0+190-0-2

图 3.20（四）　右岸地下厂房顶拱各钻孔围岩破裂摄像观测展布图

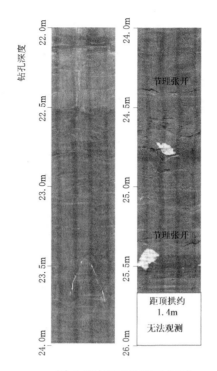

(h) R-K0+320-0-2 (2017-5-11)

图 3.20（五）　右岸地下厂房顶拱各钻孔围岩破裂摄像观测展布图

厂房顶拱围岩整体处于稳定状态。

2. 边墙钻孔

2017 年 3 月 26 日对 0+274 孔和 0+237 孔进行了钻孔摄像观察，此段范围内厂房Ⅴa层已经开挖，两孔观测结果如下。

（1）0+274 孔。0～3.0m 范围内岩体破裂严重，3.0～4.8m 范围内岩体相对较为完整，4.9～8.5m 范围内岩体仍然破裂严重。0～3.0m 范围内岩体破裂方向多平行于厂房边墙，受厂房开挖卸荷影响明显；4.9～8.5m 范围内岩体破裂方向不规则，很可能是此段岩体质量较差，节理相对发育，受厂房和母线洞双向开挖卸荷影响，节理逐渐张开扩展所致。摄像结果如图 3.21 所示。

（2）0+237 孔。0～4m 范围内岩体破裂相对密集，其中 0～0.7m、1.7～2.9m 范围内岩体碎裂严重，1.3m、3.1m、3.4m、3.8m 和 5.1m 处各有一条节理张开，5.1～8.0m 范围内岩体完整，无贯通破裂。观测结果如图 3.22 所示。

2017 年 4 月 13 日对 0+131 孔进行了钻孔摄像观察（图 3.23），此时Ⅴa层开挖掌子面距 0+131 孔约 8m，观测结果为：0～1.3m、1.5～2.1m 范围内岩体破碎，2.2～2.8m、4.8～5.0m、7.2～7.6m 和 8.1～8.4m 范围内以及 6.12m 处节理张开明显，5.5～6.0m 和 7.8～8.0m 范围内孔壁周围岩体塌落形成小范围空腔。此钻孔内多处观察到墨绿矿物，在 5.0～6.0m、7.4～9.0m 范围内分布较为密集。在高边墙开挖卸荷及机械钻进影响下，节理易张开，局部密集结构面处易塌落，受探头卡孔影响，9.0m 以下深

41

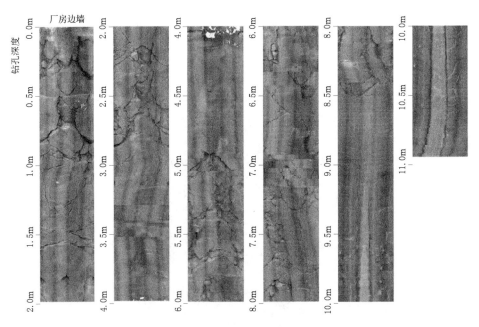

图 3.21　0+274 孔钻孔摄像展布图（2016-3-26）

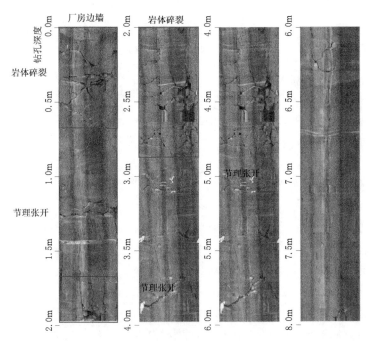

图 3.22　0+237 孔钻孔摄像展布图（2016-3-26）

部岩体已无法观测。

　　通过对下游边墙 3 孔的钻孔摄像进行观察，基本可以确定厂房下游边墙Ⅳ～Ⅴ层卸荷破裂深度约为 3～5m，但围岩深部局部节理密集、矿物发育，在高边墙开挖卸荷等因素影响下，节理张开，塌孔等破坏形式存在，其深度已达到 8.5m 左右。

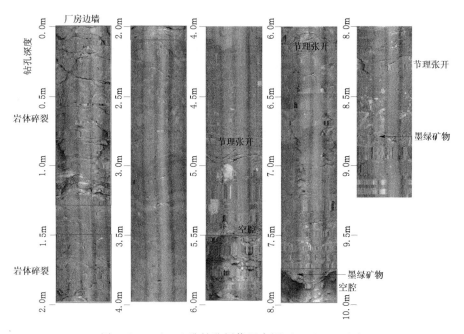

图 3.23 0+131 孔钻孔摄像展布图 (2017-4-13)

第4章 结构面力学特性的试验研究

4.1 层间错动带剪切及蠕变特性

4.1.1 直剪试验

白鹤滩水电站工程区地层中，层间错动带斜切地下厂房及洞室群，属于岩体中的弱结构面，是围岩体失稳破坏的主要控制因素。在工程施工期间，层间错动带上下盘岩体极易发生剪切滑移、塑性挤出及塌方破坏等；在水电站运营期，错动带附近岩体存在蠕变破坏的隐患。因此，有必要对错动带试样在剪切试验中的变形、强度及破坏特征进行研究。目前，层间错动带的室内力学特性研究主要针对重塑试样和原状试样开展，其中重塑样属于完全扰动试样，它破坏了层间错动带特有的结构形态，试验结果的合理性有待商榷；重塑样的均质性较原状试样好，且其各种物理参数（含水率、颗粒级配等）便于人为控制，因此可以用来研究层间错动带某些特定的力学特征，如层间错动带的遇水劣化特征、剪切强度的敏感性分析等[162-164]。因此，根据试验需要，分别制备原状试样和重塑试样开展室内试验研究。

4.1.1.1 试验设备及复合试样制备

不同法向力下层间错动带复合试样剪切试验是在中国科学院武汉岩土力学研究所岩体工程多场耦合效应学科方向组自主研制的岩石结构面剪切试验仪（RJST - 616）上进行的，试验仪如图 4.1 所示。剪切系统的垂直和水平加载均可采用力和位移控制模式，其中垂直加载油缸最大加载力为 200kN，水平加载油缸最大加载力为 300kN。

在现场取样过程中，由于层间错动带受开挖卸荷和取样扰动的影响，其节理带呈破碎状态，裂隙十分发育，无法将节理带、泥化带和劈理带一并取出，所取试样主要为类土体材料的泥化带和劈理带。室内直剪试验采用 50mm × 50mm × 50mm 和 150mm × 150mm × 150mm 两种尺寸的原状复合试样，利用石膏对原状土试样进行复合，试样整体分为石膏上盘、原状土夹层和石膏下盘三部分。中间部位的原状土夹层的平均厚度分别约为 15mm 和 40mm，可以确保剪切试验时破坏面在其内部产生。

图 4.1 岩石结构面剪切试验仪（RJST - 616）

石膏上、下盘中石膏与水的配比为 3∶1，在该配比下，经两周养护期，测得 Φ50mm× 100mm 圆柱形标准试样的单轴抗压强度为 19～23MPa，与现场层间错动带上、下盘微风化的凝灰岩单轴抗压强度大体相当。

150mm×150mm×150mm 复合原状样的制备过程如图 4.2 所示。首先将取回的层间错动带岩样用台锯进行切割，将其制成尺寸大概为 150mm×150mm×150mm 的块状体备用，由于层间错动带岩样结构复杂且易破碎，切割过程中无法完全保证其完整性，故切割过程中务必减小对岩样的扰动；然后在模具中将配置好的石膏拌和物倒入，倒入高度为 30～40mm（根据错动带块体大小调整，保证中间原状土夹层的出露厚度），在振动台上充分振捣，并将切好的错动带块体轻放入模具中居中安放，静置至石膏初步凝固；最后待石膏凝固后，在试样四周铺洒 35～40mm 厚粗砂，继续浇筑上盘石膏拌和物并振捣充分，表面抹平后覆盖保鲜膜静置，养护两周后拆模取样。

图 4.2 复合原状样的制备过程

50mm×50mm×50mm 的原状土复合试样的制备方法与 150mm×150mm×150mm 的复合试样一致。

4.1.1.2 试验方案及结果

层间错动带室内快速直剪试验采用恒定法向应力法，现场测得层间错动带周围岩体内的平均地应力在 10MPa 左右。因此，本次试验中试样的法向力分别设置为 2MPa、5MPa、7MPa、9MPa、10MPa，剪切方向加载速率为 0.05mm/min。剪切过程中，下剪切盒只能沿水平剪切方向运动，而上剪切盒只能沿竖直方向运动。

试验步骤如下：

（1）安装试样，调整剪切盒位置。

（2）法向力预加载至 0.5kN，随后按 0.1kN/s 的加载速率施加法向力至目标值，并保持法向力不变直至试验结束。

（3）法向力达到目标值后，观察法向位移，当法向位移没有明显变化时，开始施加剪切力，剪切位移达到 5mm 时结束试验。

绘制剪应力-剪位移曲线，如图 4.3 所示。结果表明，不同法向力下的剪切试验曲线总体表现为理想弹塑性。以法向力 σ_n=10MPa 的剪应力-位移曲线为例，曲线总体可分为三个阶段：OA 直线段，应力应变主要近似表现为线弹性关系，曲线较陡，以弹性变形为主，塑性变形很小；AB 段为曲线段，曲线斜率逐渐减小，B 点为屈服点，对应的剪切强度 τ_P 为峰值强度；BC 段基本处于平稳阶段，应力变化率几乎为零，对应的剪切强度接近残余强度 τ_R。

图 4.4 中不同法向力下的法向位移-剪切位移曲线显示，在剪切过程中，法向位移一直在增加，表明层间错动带由于其内部结构非均匀性明显，且未充分压密，在剪切过程中表现出明显的剪缩特征。

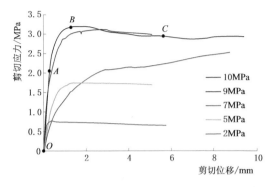

图 4.3　C_2 层间错动带典型剪切应力-位移曲线　　图 4.4　C_2 层间错动带法向位移-剪切位移曲线

对剪切试验峰值强度进行拟合，结果如图 4.5 所示。可以看出错动带试样剪切强度比较符合线性 Mohr - Coulomb 准则，峰值剪切强度随法向应力的增大而逐渐增大，拟合结果可以表述为

$$\tau = \sigma \tan 18.7° + 0.023 \tag{4.1}$$

由拟合结果可以计算得出层间错动带原状岩体峰值黏聚力 $c = 0.023$MPa，峰值内摩擦角 $\varphi = 18.7°$。

对残余剪切强度进行拟合，结果如图 4.6 所示。可以看出，错动带的残余剪切强度符合 Mohr - Coulomb 准则，且残余强度低于屈服强度，拟合结果可以表述为

$$\tau = \sigma \tan 17.3° + 0.0099 \tag{4.2}$$

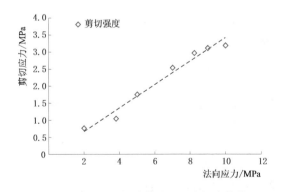

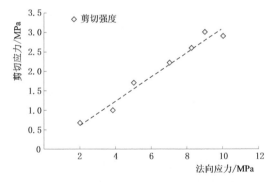

图 4.5　C_2 层间错动带剪切强度拟合曲线　　图 4.6　C_2 层间错动带残余剪切强度拟合曲线

由拟合结果可以计算得出层间错动带原状岩体残余黏聚力 $c_R = 0.0099$MPa，残余内摩擦角 $\varphi_R = 17.3°$。

根据试验拟合结果可以看出，层间错动带的峰值黏聚力和残余黏聚力均较小，而且 c_R 明显小于 c。这是由于本次试验采用的原状夹层试样为泥化带和劈理带岩样，试验中的

剪切方向顺错动带延展方向，上一小节中，通过微观结构观察到，沿延展方向，带区颗粒主要呈层状堆叠，层与层之间一般存在比较光滑的滑移面，颗粒之间的胶结力很弱，因此宏观表现为错动带的黏聚力较小。c_R 明显小于 c 值，是由于屈服破坏后，剪切面上颗粒之间的胶结结构遭到剪切破坏，在法向力的挤压及剪切作用下，剪切面上的颗粒主要表现为摩擦作用，因此残余强度下的黏聚力 c_R 值接近于 0。

4.1.1.3 剪切强度影响因素

现有研究表明，层间错动带的剪切特性及强度与其物质组成、结构和应力状态密切相关。王先锋和侔磊[165]根据颗粒粒度大小将层间错动带划分为五种不同类型，并对黄河小浪底水库工程各类层间错动带进行了室内中型饱和固结快剪试验，将剪应力-剪位移曲线分为塑型曲线、准塑型曲线、过渡型曲线、准脆型曲线四大类；唐良琴等[166]研究了错动带夹层中的黏粒含量与抗剪强度参数的关系；孙万和等[167]在光滑结构面中充填黏土颗粒，研究层间错动带厚度的力学效应，研究表明，夹层厚度的变化对试样垂直变形、抗剪强度有明显的影响；郭志[168]则采用原岩结构面充填软弱物质的方法，研究了夹层厚度对结构面抗剪强度的影响，试验结果表明，原岩结构面起伏差 H 小于试验前后夹泥厚度 h 时，结构面起伏状态的力学效应不起作用，此时测得的抗剪强度值完全由夹泥本身的力学作用控制，该结论与肖树芳和 K·阿基诺夫[169]的研究成果一致；Sahu[170]对比研究了不同倾角下的节理在有、无黏土填充物条件下的剪切特性，认为黏土充填物会降低单节理岩体的剪切强度；胡卸文[171]在一定围压下，对岩块岩屑型和岩屑夹泥型两种无泥型软弱夹层，进行了天然含水状态和饱水状态下的现场直剪试验，试验结果表明，受围压及细粒含量较少的影响，饱水对层间错动带强度参数的影响有限；孙广忠和赵然惠[172]提出在层间错动带剪切试验中，施加的法向力应以不使夹层物质遭受破坏和挤出为宜；聂德新等[173]认为围压的高低是控制层间错动带物理力学性质的决定性因素，其与夹泥的干密度、摩擦系数具有一定的相关性。

从上述研究成果可以看出，影响层间错动带剪切特性的因素较多，主要包括颗粒粒径大小、夹层厚度、节理面粗糙度、含水率以及法向力等。室内及现场试验发现[174-175]，这些因素从不同程度上影响着层间错动带的剪切特性。在进行白鹤滩水电站层间错动带原状试样的剪切力学试验时发现，受多种影响因素的干扰，剪切试验数据的离散性较大。在前人研究成果的基础上，可运用正交试验方法，考虑不同影响因素的水平制作错动带重塑试样，并通过室内直剪试验得到其剪切强度，最后进行层间错动带剪切强度主控因素的敏感性分析。

1. 正交试验方案设计

在前人研究成果以及现场地质勘查认识的基础上，本次正交试验选取层间错动带的大颗粒含量、夹层厚度、结构面粗糙度、含水率及法向力 5 个主控因素进行试验方案设计。每个主控因素确定 5 个水平，根据 L_{25}（5^5）的正交试验表设计试验方案（表4.1）。

试验采用重塑复合试样来模拟层间错动带的赋存状态，试样的整体形式如图 4.7 所示。其中，试样中间土夹层是本次正交试验的主要考虑对象，按照表 4.1 中的具体要求重塑中间土夹层试样。

表 4.1 正 交 试 验 方 案 表

试验	含水率/%	厚度/mm	大颗粒含量/%	结构面粗糙度	法向力/MPa
1	3	5	0	×0	1
2	5	5	5	×1	3
3	7	5	10	×1.5	5
4	9	5	15	×2	7
5	11	5	20	×2.5	10
6	5	7	0	×1.5	7
7	7	7	5	×2	10
8	9	7	10	×2.5	1
9	11	7	15	×0	3
10	3	7	20	×1	5
11	7	10	0	×2.5	3
12	9	10	5	×0	5
13	11	10	10	×1	7
14	3	10	15	×1.5	10
15	5	10	20	×2	1
16	9	15	0	×1	10
17	11	15	5	×1.5	1
18	3	15	10	×2	3
19	5	15	15	×2.5	5
20	7	15	20	×0	7
21	11	20	0	×2	5
22	3	20	5	×2.5	7
23	5	20	10	×0	10
24	7	20	15	×1	1
25	9	20	20	×1.5	3

2. 重塑试样制备

综合分析以上 5 个影响因素，在制样过程中，通过分步控制不同因素的水平制备试样，具体步骤如下。

（1）按照《土工试验规程》（SL 237—1999），将层间错动带原状土试样风干、碾散、过筛，得到不同粒径的土，按照图 4.8 所示白鹤滩水电站工程区左岸截渗洞 505m 处的层间错动带的粒径分布，将不同粒径的土混合均匀，并均分成 5 组，每组质量为 800g。

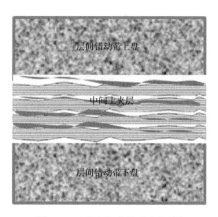

图 4.7 层间错动带重塑试样

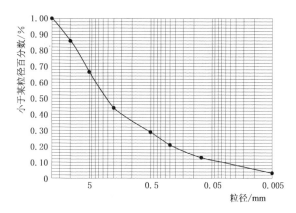

图 4.8 工程区层间错动带试样粒径分布

（2）称量颗粒粒径为 5～8mm 的"大粒径"土 5 组，质量分别为 0g、40g、80g、120g、160g，满足大颗粒含量水平为 0％、5％、10％、15％、20％。

（3）现场层间错动带含水率为 3％～11％，将重塑样含水率划分为 3％、5％、7％、9％、11％共 5 个水平；将第 2 步中配得的每组土分成 5 小组，每小组土质量为 160g、168g、176g、184g、192g，为使每组土最终的含水率满足上述 5 个水平，计算每组土所需的水量，最终获得 25 组不同大颗粒含量、不同含水率的夹层土。

（4）将现场采集到的错动带夹层土与凝灰岩的原生接触面进行三维扫描，并进行接触面形貌的虚拟重构。扫描系统及重构结果如图 4.9 所示。

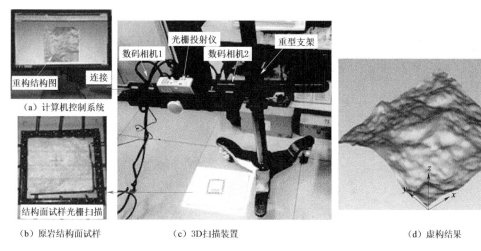

（a）计算机控制系统

（b）原岩结构面试样　　　　　（c）3D扫描装置　　　　　（d）虚构结果

图 4.9 岩石结构面虚拟重构

（5）为建立不同粗糙度的土-岩接触面，对点云文件进行处理。将获得的结构面点云文件进行等间距化处理，将其 Z 坐标分别乘以 0、1、1.5、2、2.5，得到 5 组不同粗糙度的结构面，如图 4.10 所示，并采用张鹏提出的结构面三维粗糙度表征系数 Z_{2s}，以定量表示 5 组不同结构面的粗糙度（表 4.2）。

图 4.10 不同粗糙度结构面点云图

表 4.2 结构面三维粗糙度表征系数

结构面	×0	×1	×1.5	×2	×2.5
Z_{2s}	0	0.3376	0.5064	0.6752	0.8440

（6）为使试样真实反映土岩接触面的三维形态，采用三维雕刻机进行压模制作。压模材料选用大理岩，尺寸为 50mm×50mm，针对每组粗糙度分别制作两块互补的压模，设备及压模如图 4.11 所示。

（a）三维雕刻机 （b）压模

图 4.11 岩石三维雕刻机及压模

（7）将一块大理岩压模作为下盘放入可拆卸式制样盒中，中间铺上相应厚度的重塑土，另一块印模为上盘压入重塑土上。为了更为准确地控制夹层厚度，在印制之前，预先在制样盒中放入一定量的土，用一固定的重物进行预压，保证无粗糙度的夹层厚度为一定值（如 5mm 厚的夹层指的是夹层在印制之前无粗糙度时的厚度为 5mm，其他夹层的厚度同理）。然后将制样盒整体置入岩石单轴试验机，施加 5MPa 法向力，当法向位移不产生明显变化时，固结 10min，制得夹层重塑土样，如图 4.12 所示。

（8）最后进行复合试样制作。上下盘采用石膏浇筑，石膏与水的配比 3∶1。在该配比下，经两周养护，测得 ϕ50mm×100mm 圆柱形标准试样的单轴抗压强度为 19～23MPa，与现场层间错动带上下盘的微风化凝灰岩单轴抗压强度大体相当。制作步骤为：首先在模具中浇筑 15～20mm 厚的石膏，反复振捣，排除气泡；在石膏凝固之前，将夹

（a）粗糙度区模　　　　　　（b）制成的重塑样

图4.12　重塑样夹层粗糙度印制及制成的重塑样

层土样放入模具盒中的石膏上并使夹层土样与未凝固的石膏紧密接触，保证土-石膏接触面的粗糙度；最后，在夹层土样上浇筑上盘石膏，反复振捣，排除气泡；石膏凝固后拆模，制样完成。

3. 剪切试验设备

层间错动带复合试样的剪切试验在中国科学院武汉岩土力学研究所自行研制的岩石多功能剪切试验系统上进行，开展不同法向力下的压剪试验，每块试样上施加的法向力见表4.1。试验过程中，首先施加法向荷载至设定值，同时观察法向位移的变化值，当法向位移的变化量小于0.005mm/h时，开始施加水平剪切力。水平剪切力采用位移控制，剪切速率为0.05mm/min。采用自行设计的有侧限剪切盒进行带侧限直剪试验，试验装置如图4.13所示。

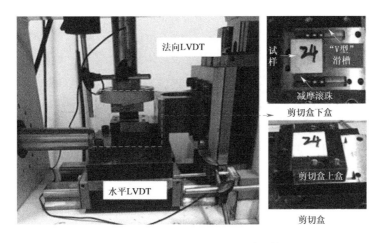

图4.13　岩石多功能剪切试验系统

4. 剪切强度影响因素敏感性分析

复合试样制备前期，夹层土中的含水率设定为3%～11%。初步压制成型的土样能够保持预先设定的含水率，但在浇筑石膏的过程中，石膏液中含水较多，且石膏在水化过程中吸水放热，导致土样中的含水率发生了较大变化。复合试样制样前后的含水率测试结果

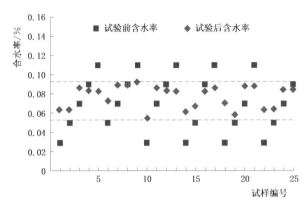

图 4.14　试验前后含水率变化

如图 4.14 所示，复合试样的土层含水率基本稳定在 6% ～ 9%。因此，在影响因素分析中，将含水率视为随机误差项，不就含水率对剪切强度的敏感性进行分析。

对剪切试验结果采用极差与偏差平方和的方法，就各影响因素的重要性进行分析，计算结果见表4.3，根据极差 R_j 和偏差平方和 S_j 结果可以看出，不同因素对剪切强度的影响强弱关系为：法向力＞厚度＞大颗粒含量＞粗糙度。

表 4.3　　　　　　　　　　　　正交试验极差与偏差平方和分析

序　号	厚度/mm	大颗粒含量/%	起伏差 Z_{2s}	法向力/MPa
极差 R_j	0.531	0.322	0.116	1.982
偏差平方和 S_j	0.798	0.378	0.0439	14.769
自由度	0.131	0.063	0.004	3.598
显著性（F_i）	4.669	2.251	0.140	128.943

就 4 个因素进行显著性检验假设，分别假设各因素对剪切强度作用不显著。选取显著性因子 $\alpha = 0.1$，查阅 F 函数的概率分布表可得 $F_{0.1}(4, 4) = 4.11$，由 $P\{F_1 > F_{0.1}(4, 4)\} = 0.1$，并根据表 4.3 中的 F_i 值与 $F_{0.1}(4,4) = 4.11$ 进行比较，其中 $F_{法向力} = 128.943$，大于 $F_{0.1}(4,4)$，$F_{厚度} = 4.6684$，大于 $F_{0.1}(4, 4)$，$F_{大颗粒含量} = 2.251$，小于 $F_{0.1}(4, 4)$，$F_{粗糙度} = 0.14$，小于 $F_{0.1}(4, 4)$。由此可知，法向力和夹层土厚度对剪切强度的作用显著，属于重要因素，大颗粒含量和起伏差对剪切强度的作用不显著，属于次要因素。

通过上述分析可知，法向力对试样剪切强度的影响最强烈，其显著性远大于其他因素。但由于法向力不属于复合试样本身的材料属性，数据分析会掩盖其他因素对剪切强度的影响，因此在增加相同法向力（5MPa）的情况下，仅考虑土夹层厚度、大颗粒含量以及粗糙度的三因素三水平正交试验。

试验方案见表 4.4，试样制备方法与上述试验相同。

表 4.4　　　　　　　　　　　　三因素三水平正交试验方案

试样	大颗粒含量/%	粗糙度（R_{2s}）	厚度/mm
1	0	0	5
2	0	0.33759	10
3	0	0.67519	20

试样	大颗粒含量/%	粗糙度（R_{2s}）	厚度/mm
4	15	0	10
5	15	0.33759	20
6	15	0.67519	5
7	30	0	20
8	30	0.33759	5
9	30	0.67519	10

试验曲线及各因素对剪切强度的影响如图 4.15 和图 4.16 所示。

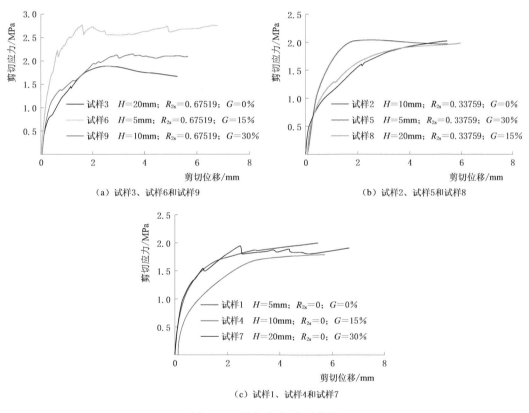

图 4.15 剪切应力-位移曲线

从上述结果可以得以下结论：

（1）试样 6 的曲线和其他曲线相比，线弹性段斜率最大，剪切强度也最大，主要原因是其夹层土厚度为 5mm，而接触面粗糙度 $R_{2s}=0.67519$，该粗糙度对应的最大起伏差为 $-6.774 \sim 6.942$mm，导致剪切中心线并没有完全切到夹层土，只是切割了一部分石膏（图 4.17）。

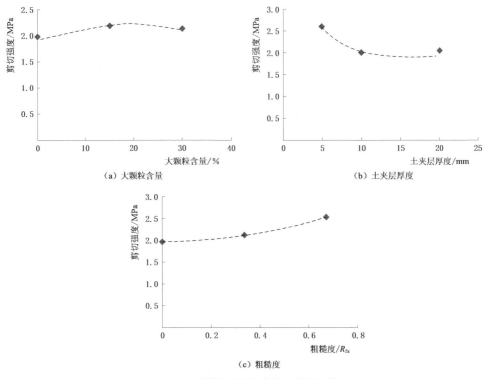

图 4.16　不同影响因素对剪切强度的影响

图 4.17　试样 6 夹层土位置及剪切面破坏状态

（2）在粗糙度 $R_{2s}=0.67519$ 条件下 ［图 4.17（a）］，随着夹层土厚度的增加，剪切强度逐渐减小；当粗糙度低于 0.67519 时，剪切强度受粗糙度的影响很小，剪切位移曲线变化趋势大体相同，即当原岩结构面起伏差小于试验前后夹泥厚度时，结构面起伏状态的力学效应基本不起作用，此时测得的抗剪强度值完全由夹泥本身的力学作用控制。

（3）从试验结果也可以看出，大颗粒含量对复合试样的剪切位移曲线和剪切强度影响不明显。经分析，原因可能是：同一个重塑样中不仅要考虑了大颗粒含量，还有结构面粗糙度和夹层土厚度等因素，粗糙度与夹层土厚度对复合试样剪切强度的影响要大于大颗粒含量的影响，导致大颗粒含量的影响不明显；另一个原因是重塑夹层土中采用的大颗粒是凝灰岩角砾，与现场层间错动带中的大颗粒是一致的，其强度相对较低（单轴抗压强度为 $12\sim24\text{MPa}$），5MPa 法向力下的剪切试验中，角砾直接被剪碎，它对复合试样剪切强度的贡献很小；另外研究表明，对于土石混合体来说，存在一个影响其剪切行为的岩粒含量临界值（35%），当大颗粒含量超过这一临界值时，土石混合体的强度是由大颗粒间的相互接触行为控制的，而本试验试样的制取以白鹤滩水电站 C_2 与 C_4 层间错动带原状试样的颗粒级配为基准，可能并未达到足以影响剪切行为的岩粒含量临界值。

4.1.2　常规三轴蠕变试验

为探究错动带在水长期作用下的变形规律，本书对错动带开展常规三轴压缩蠕变试验，了解不同含水率错动带的时效变形规律，并提出相应蠕变模型预测错动带实际变形。

试验设备采用中国科学院武汉岩土力学研究所自行研制的 THMC-岩石多功能三轴试验仪。根据 15MPa 围压下错动带试样的常规三轴试验强度，轴向分 5 级加载，加载时间由轴向变形速率确定，变形量小于 0.01mm/h 时，进行下一级加载，直至试样加速变形至破坏，试验结果如图 4.18 所示。

从轴向应变-时间（ $\varepsilon-t$ ）曲线可以看出，不同含水率试样在分级加载过程中，均出现了减速蠕变、稳定蠕变和加速蠕变段，其弹性变形基本在瞬时完成。减速蠕变过程中，随着荷载水平的增大，蠕变曲线斜率呈增大趋势，并在荷载达到长期强度 σ_s 时，变形速率急速增大，出现加速蠕变，试样发生破坏。

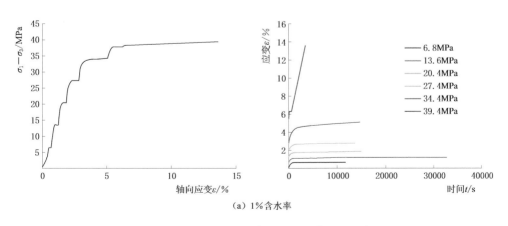

（a）1%含水率

图 4.18（一）　不同含水率下错动带蠕变试验

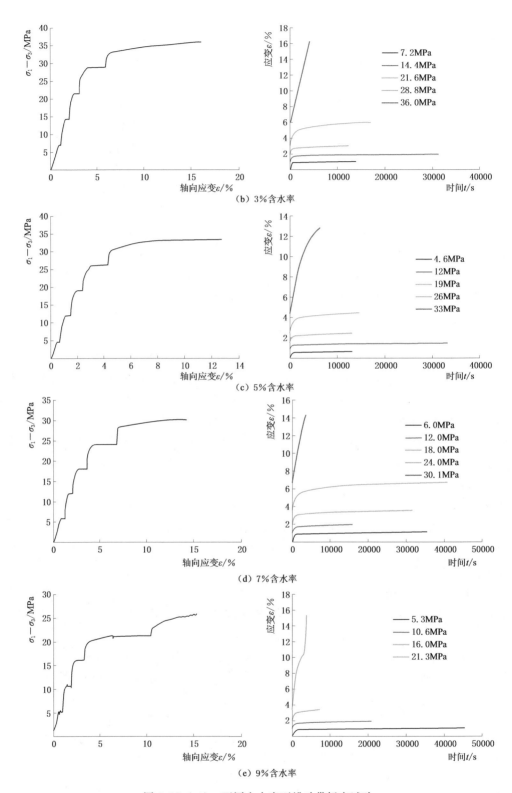

（b）3%含水率

（c）5%含水率

（d）7%含水率

（e）9%含水率

图 4.18（二）　不同含水率下错动带蠕变试验

4.2 柱状节理岩体各向异性特性

4.2.1 单轴压缩试验

4.2.1.1 试验方法

单轴压缩试验的试样尺寸主要采用 $\phi 50\text{mm} \times 100\text{mm}$ 的标准圆柱体，或采用原始芯样直径、断面磨光、高径比为 2：1 的试样，在 WE30B 试验机上进行，控制位移速率为 0.01mm/s，连续施加轴向荷载直至试件破坏，每组干、湿试样各 3 块。

岩块的抗拉强度采用 INSTRON 岩石力学试验机测量，以直接拉伸法试验。

4.2.1.2 岩块单轴抗压破坏机理分析

1. 岩块破坏模式

破坏模式有以下 3 种。

第一种，岩样劈裂成几部分后，在轴向荷载的作用下，某一部分或几部分折断或遭剪断破坏，丧失承载能力。这种模式的特征是横向应变曲线发生跳跃后轴向荷载达到峰值，可以判断为岩样发生张拉劈裂破坏，但其承载能力继续增长。试样及应力曲线如图 4.19 所示。

 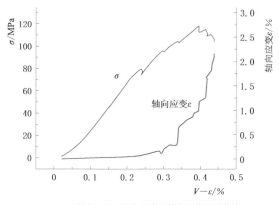

（a）试样破坏后侧面　　　　（b）轴向应力、横向应变与轴向应变关系曲线

图 4.19　试样 1 破坏特征及应力曲线

第二种，岩样受剪切破坏丧失承载能力，同时产生张拉裂纹。这种模式的特征是在轴向荷载达到峰值的过程中横向应变曲线一直呈线性增长，其后横向应变曲线发生跳跃，可以判断岩样发生了张拉劈裂。试样的破裂面呈斜面状，如图 4.20 所示。

第三种，岩样破坏完全受原有细观裂隙控制。这样的试样，特征是细观裂隙较多，沿轴向的连通率超过 70%，表现出来的单轴抗压强度也较低。试样及应力曲线如图 4.21 所示。

2. 产生张拉劈裂的定性解释

在岩样的单轴压缩过程中，刚性压力机以一定的速率通过位移给试样施加轴向荷载，

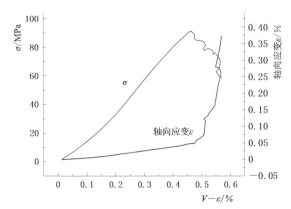

（a）试样破坏后侧面　　　　　　（b）轴向应力、横向应变与轴向应变关系曲线

图 4.20　试样 2 破坏特征及应力曲线

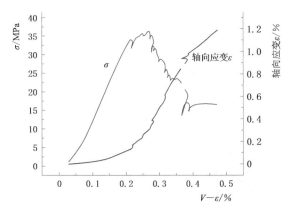

（a）试样破坏后侧面　　　　　　（b）轴向应力、横向应变与轴向应变关系曲线

图 4.21　试样 3 破坏特征及应力曲线

图 4.22　岩样沿轴向张拉劈裂破坏机理

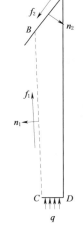

试样内部发生变形。经过孔隙裂隙压密阶段以后，试样内部细观裂隙端部开始扩展发育，并寻找所需破坏能量最小的破裂通道，以释放不断积聚的应变能。当试样细观裂隙发育程度较高时，试样自身会寻找连通率较高的破坏面贯通剪破；当试样细观裂隙发育程度不高，发生剪破所需的能量高于发生劈裂所需的能量时，试样会以张拉劈裂的形式破坏。

如图 4.22 所示，在试样中预设一个张拉劈裂面 BC，取出一个包含剪切滑移面 AB 和预设张拉破裂面 BC 的"隔离分析体"进行分析。在剪切滑移面 AB 上有正压应力 n_2 和摩擦应力 f_2，在预设劈裂面 BC 上作用平衡 f_2 和

n_2 水平方向上合力的拉力，以及平衡轴向荷载的切应力 f_1。由于脆性岩石的抗拉强度较低，当试样张开所需的能量小于试样剪切破坏的能量时，试样就会发生张拉劈裂破坏。

但是，由于发生张拉破坏的试样都较为完整，张拉劈裂发生后并不意味着试样就此失去承载能力。各分离的隔离体继续承受轴向荷载直至发生压杆失稳破坏或受剪破坏。

4.2.1.3 试验成果统计及分析

试验结果见表4.5。从表中可以看出以下结论。

（1）微风化柱状节理玄武岩在烘干状态下的单轴抗压强度平均值为127MPa，饱和试样的单轴抗压强度平均值降低到91.1MPa，其对应的软化系数为0.71；弱风化下段柱状节理玄武岩试验的统计值个数有限，干燥状态下单轴抗压强度平均值为180MPa，饱和试样的单轴抗压强度平均值降低到85MPa，其对应的软化系数为0.47，可见水对岩石强度影响较明显。

（2）弱风化下段与微风化带柱状节理玄武岩饱和单轴抗压强度比较，降低约6.7%。

（3）弱风化下段与微风化带软化系数对比，降低约33.8%。

表 4.5　　　　　　　　柱状节理玄武岩力学性质室内试验成果统计表

岩层	岩石名称	风化程度	量值	抗拉强度/MPa		单轴抗压强度/MPa		软化系数	弹性模量/GPa		泊松比	
				干	饱和	干	饱和		干	饱和	干	饱和
P₂β	柱状节理玄武岩	微风化	最小值	2.51	1.58	47.70	27.20		28.00	12.20	0.17	0.20
			最大值	10.10	10.80	251.00	162.00		86.60	71.10	0.26	0.27
			小值平均值	4.14	3.10	87.70	77.30		39.70	13.30		
			大值平均值	8.07	6.53	146.10	106.40		71.40	68.20		
			平均值	6.12	5.20	127.00	91.10	0.71	56.80	52.30	0.21	0.24
			统计个数	28	20	31	28		11	5	2	2
		弱风化下段	最小值			171.40	44.90		77.28	34.92		0.27
			最大值			193.80	123.30		88.32	82.92		0.29
			平均值			180.60	85.00	0.47	83.32	59.78	0.25	0.28
			统计个数			3	3		3	6	1	2

4.2.2　点荷载试验

现场点荷载强度试验主要针对很难取得完整岩芯样的柱状节理玄武岩，共进行了62组。62组点荷载强度试验中除4组为浸水72h状态外，其余58组均为自然状态。

点荷载强度换算成单轴抗压强度的公式为

$$P = AI_{s(50)} \tag{4.3}$$

式中　　P——单轴抗压强度，MPa；

　　　　$I_{s(50)}$——点荷载强度，MPa；

　　　　A——常数。

由于常数 A 的取值范围较大，为确定 A 的取值，针对进行现场点荷载强度试验的部位中相对容易取样的地方，取块石岩样进行室内单轴抗压强度对比试验，根据对比试验结果，常数 A 取值为 16。将自然状态下现场点荷载强度试验成果及其换算的单轴抗压强度成果进行统计，统计直方图如图 4.23 所示。

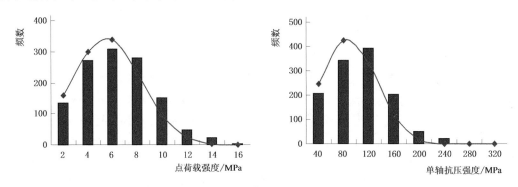

图 4.23　点荷载强度试验成果及其换算的单轴抗压强度统计直方图

参与统计的点荷载强度和单轴抗压强度单值点各有 1216 个，由统计直方图可见，点荷载强度主要集中于 4～8MPa，而对应的单轴抗压强度值则集中于 80～120MPa。

统计显示，58 组自然状态下的现场点荷载强度平均值为 5.49MPa，单轴抗压强度平均值为 87.9MPa。

现场进行了 4 组浸水 72h 状态下的点荷载强度试验，成果见表 4.6。由成果可见，PD61 洞内柱状节理玄武岩的软化系数较高，都在 0.80 以上，且相关性较好，遇水不易软化。而 PD36 中心孔水平孔内的岩样较破碎，遇水容易软化，软化系数仅为 0.51。

表 4.6　　　　　　　　自然及浸水 72h 状态下点荷载强度试验成果

试验部位		PD36 中心孔 2/3/6（0～2m）	P61（152m）	PD61（308m）	PD61（353m）
$I_{s(50)}/P$ /MPa	自然	2.57/41.1	4.60/73.6	6.78/108.5	7.59/121.4
	浸水 72h	1.30/20.8	3.98/63.7	5.89/94.2	6.41/102.5
软化系数		0.51	0.87	0.87	0.84

4.2.3　常规三轴压缩试验

三轴压缩试验在长江-500 型试验机机上进行，岩样是直径为 5cm（误差不超过 0.1cm）、高度为 12cm（误差不超过 0.3cm）的圆柱。径向载荷形式为应力伺服控制，速率为 0.1MPa/s，轴向载荷形式为位移伺服控制，速率为 0.01mm/min，在径向载荷、轴向荷载的同时监测轴向和环向变形。

三轴压缩强度试验采用等侧向压力（$\sigma_2 = \sigma_3$）的方法，侧向压力分 5 级，分别为 2.0MPa、4.0MPa、6.0MPa、8.0MPa、10.0MPa。

柱状节理玄武岩共进行了 4 组三轴压缩试验，均为天然状态。试验成果统计见表 4.7 和图 4.24。从表 4.7 中可看出，柱状节理玄武岩三轴压缩强度参数摩擦系数较低，黏聚力较高。

表 4.7　　　　　　　　　　　室内三轴压缩试验成果统计表

岩石名称	取值	三轴压缩强度参数	
		f	c/MPa
柱状节理玄武岩	最小值	1.29	10.2
	最大值	1.70	15.0
	综合值	1.49	12.4
	统计组数	4	4

根据上述试验成果，柱状节理玄武岩力学参数地质建议值见表 4.8。

表 4.8　　　　　　　　　　　岩石力学参数地质建议值

地层	岩性	风化程度		抗拉强度/MPa		单轴抗压强度/MPa		软化系数	弹性模量/GPa		泊松比	
				干	饱和	干	饱和		干	饱和	干	饱和
$P_2\beta$	柱状节理玄武岩	微新	范围值	4～8	3～6	87～146	77～106	0.71	55.00	50.00	0.21	0.24
			平均值	6.00	5.00	125.00	90.00					
		弱风化下段		5.10	4.30	105.00	75.00	0.71	46.00	42.00	0.24	0.28

4.2.4　岩芯声波各向异性试验

　　岩体纵波波速特性是岩体属性的直观反应，与岩体的各向异性、弹性模量、变形特征及渗透系数等力学参数均可建立较好的相关联系，因此岩体纵波速度成为衡量岩体各向异性、损伤程度等力学特征的重要手段，已经得到岩土工程学者的广泛应用[176-177]。本书通过声波测试研究柱状节理玄武岩的各向异性特性，探讨柱间节理面及柱体内部隐微裂隙对柱状节理玄武岩声波速度的影响。

　　岩体声波试验所用测试仪器选择中国科学院武汉岩土力学研究所研制的

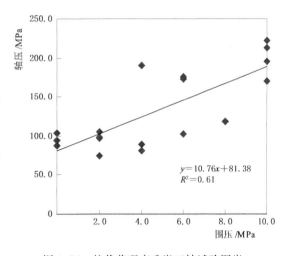

图 4.24　柱状节理玄武岩三轴试验围岩-
轴压关系曲线

RSM-SY5 型非金属声波测试仪。在本书中，主要讨论柱状节理玄武岩中纵波传播的主要特征，测试示意图如图 4.25 所示。

　　轴向波速可通过发射和接收传感器之间的距离 L 及纵波所需要的时间 t 计算确定，通过开展不同玄武岩柱体的声波速度测量［图 4.25（a）］，从而分析玄武岩柱体声波速度传播的主要特征。对于径向纵波波速［图 4.25（b）］，可结合柱状节理玄武岩轴向纵波速度的测量结果，分析研究柱间节理面分布特征对玄武岩声波传播速度的影响；同时，通过测量柱状节理玄武岩在同一发射换能器位置到不同接收换能器的声波传播速度，并根据发射与接收的几何尺寸确定声波传播方向与水平方向的夹角，从而分析柱状节理玄武岩的声波各向异性特性。

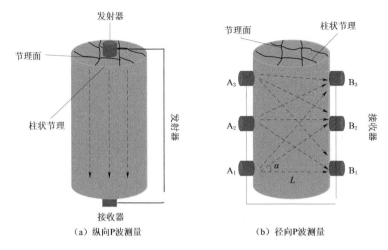

（a）纵向P波测量　　　　　　　　（b）径向P波测量

图 4.25　白鹤滩柱状节理玄武岩声波测试示意图

4.2.4.1　试样制备

本次试验共选取大尺寸（ϕ200mm）柱状节理玄武岩岩芯 6 根，如图 4.26 所示。为方便轴向声波速度的测量，利用岩石切割机将岩芯端部切割平整，并根据岩芯端部柱间节理面的分布情况对玄武岩柱体进行编号，岩芯尺寸及每根岩芯的声波测点布置见表 4.9。

（a）1号岩芯　　　　　　（b）2号岩芯　　　　　　（c）3号岩芯

（d）4号岩芯　　　　　　（e）5号岩芯　　　　　　（f）6号岩芯

图 4.26　白鹤滩柱状节理玄武岩声波测试大尺寸岩芯

表 4.9 柱状节理大尺寸岩芯尺寸特征及声波测点布置

岩芯号	直径/mm	高度/mm	柱体个数	声波探头布置
1 号	200	300	4	A1B1 – A5B5
2 号	200	205	16	A1B1 – C4D4
3 号	200	280	9	A1B1 – A5B5
4 号	200	310	8	A1B1 – A5B5
5 号	200	265	6	A1B1 – A4B4
6 号	200	125	6	A1B1 – A2B2

4.2.4.2 声波试验结果分析

现场声波测试结果表明，完整玄武岩的声波速度可达 5000m/s 以上。图 4.27 为柱状节理玄武岩岩芯各柱体纵向声波速度测量结果。

从图 4.27 中可以看出，各玄武岩岩芯柱体的声波速度多集中在 5000～6000m/s 之间，表明大多数玄武岩柱体在取芯的过程中所受到的损伤较小，可以代表完整岩体的性质。在图中较为特殊的是 6 号岩芯 4～8 号玄武岩柱体，其声波速度明显低于其他玄武岩柱体，6 号柱体声波速度相对于 1 号柱体下降达到 51%，从图中分析其原因可知 6 号岩芯的 4～8 号柱体出现明显的损伤，甚至在岩芯表面出现片状剥离的情况，表明声波测试结果与岩体的损伤状态相一致。

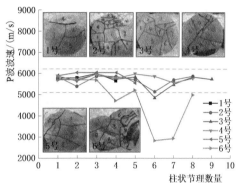

图 4.27 白鹤滩柱状节理玄武岩岩芯各柱体纵向声波速度

对于各向异性岩体来说，可通过不同方向上声波速度的比值计算其各向异性系数，且比值越小表明岩体的各向异性程度越大。图 4.28（a）～（e）为 1～5 号柱状节理玄武岩岩芯的径向纵波速度测量结果（由于 6 号岩芯测点较少，未对其进行拟合）。

对于 1 号柱状节理岩芯，可以看出，随着倾角的增加，1 号岩芯的声波各向异性系数值也逐渐增加，表明岩体的各向异性程度逐渐减弱；对于 2 号柱状节理玄武岩岩芯，在声波各向异性系数的总体变化趋势上同样呈现出随 α 值增加而逐渐降低的基本规律，但从图中可以看出较为特殊的是图中的声波各向异性系数明显分为两个区域，其中区域一的各向异性系数值相对较大，区域二的各向异性系数值较小，分析其原因可知，这是由于测线 AB 与 CD 所经历的柱间节理面数目不同所导致的。从图 4.28（b）中可以看出，测线 AB 所经过的柱间节理面数目为 2，测线 CD 所经过的柱间节理面数目为 6，柱间节理面数目的不同导致柱状节理玄武岩的各向异性程度明显不同。对于 3 号和 5 号柱状节理玄武岩岩芯的声波各向异性主要特征，其变化规律与 1 号岩芯的基本规律一致，而 4 号岩芯的变化规律也可以分为两个区域，与 2 号岩芯的基本规律相一致。在曲线拟合的特征上，总体上是运用二次曲线对声波各向异性测点的拟合效果较好，但个别测线的离散性比较大，R^2

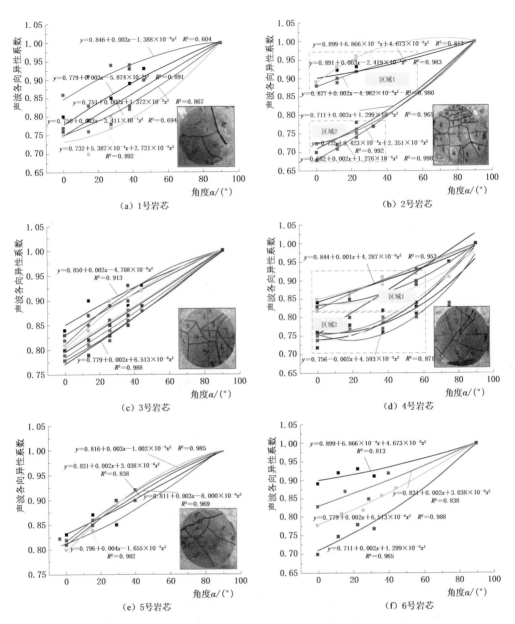

图 4.28　白鹤滩柱状节理玄武岩 1～5 号岩芯径向声波速度

值只有 0.6 左右。

　　由以上分析知，柱状节理玄武岩的柱间节理面对岩体声波各向异性特性具有重要影响，为了详细分析柱间节理面对玄武岩各向异性特性的作用，图 4.28（f）给出了在不同柱间节理面数目条件下的声波各向异性系数随倾角的变化规律，可以看出，随着柱间节理面数目的逐渐增加，同角度条件下的声波各向异性系数值逐渐降低，表明柱状节理岩体的各向异性程度逐渐增加，因此在导致柱状节理岩体各向异性的原因上，柱间节理面是十分重要的因素。

4.2.4.3 岩体结构面及隐微裂隙的影响

岩体中的节理、裂隙等对于岩体声波的各向异性特性具有重要影响。柱状节理玄武岩的主要缺陷类型包括柱间节理及柱体内部隐微裂隙两种，但这两种缺陷分别对于岩体纵波传播的影响如何却并不明了，因此本节结合含柱间节理岩块及含隐微裂隙玄武岩柱体的声波测试，探讨岩体结构面及隐微裂隙对柱状节理玄武岩各向异性的影响。对于含柱间节理面岩芯的制作，选取相应柱状节理玄武岩块体，为减少岩芯加工过程对于柱间节理的影响，采用线切割方式对玄武岩块体进行切割，切割尺寸为 50mm×50mm×100mm，如图4.29（a）所示，制作完成后的含节理面岩芯如图 4.29（b）所示。

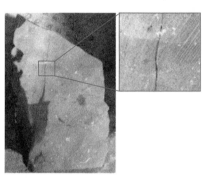

| （a）柱间节理面 | （b）含柱间节理面岩芯 |

图 4.29　白鹤滩柱状节理玄武岩岩体内部缺陷

对于含隐微裂隙玄武岩柱体岩芯的制作，选取相对完整玄武岩柱体进行岩芯钻取，同时为了减少岩芯加工过程对于隐微裂隙的影响，在岩芯钻取过程中对钻取速度进行严格控制。表 4.10 为所制作的柱状节理岩体缺陷类型及声波特征。

表 4.10　　　　　　　　　　柱状节理岩体缺陷类型及声波特征

缺陷类型	缺陷描述	P 波速度及特征
完整隐晶质玄武岩	岩芯相对完整，但内部有小孔，充填绿泥石或绿帘石	首波到达时间为 23.8μs，波速为 5076m/s
垂直柱间节理面	主缺陷为柱间节理面	首波到达时间为 24.1μs，波速为 5000m/s

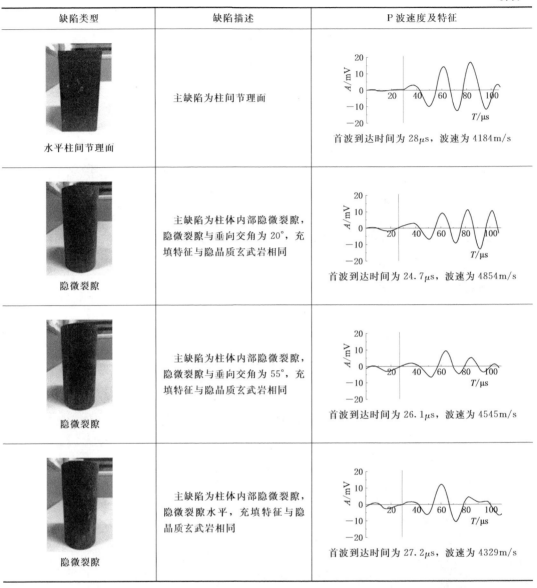

缺陷类型	缺陷描述	P波速度及特征
水平柱间节理面	主缺陷为柱间节理面	首波到达时间为 28μs，波速为 4184m/s
隐微裂隙	主缺陷为柱体内部隐微裂隙，隐微裂隙与垂向交角为 20°，充填特征与隐晶质玄武岩相同	首波到达时间为 24.7μs，波速为 4854m/s
隐微裂隙	主缺陷为柱体内部隐微裂隙，隐微裂隙与垂向交角为 55°，充填特征与隐晶质玄武岩相同	首波到达时间为 26.1μs，波速为 4545m/s
隐微裂隙	主缺陷为柱体内部隐微裂隙，隐微裂隙水平，充填特征与隐晶质玄武岩相同	首波到达时间为 27.2μs，波速为 4329m/s

对于完整隐晶质玄武岩，虽然岩芯表面存在孔洞并部分充填绿泥石或绿帘石，但其整体质量较好，并未存在明显缺陷；对于含垂直柱间节理面的岩芯，其闭合程度较好，并未在岩芯表面发现其他明显缺陷。对于含隐微裂隙的玄武岩柱体岩芯，岩芯的隐微裂隙闭合程度较好，表明岩芯加工过程中对于岩体的扰动及损伤程度较小。对于岩体的纵向声波主要特征，首波到达时间及波速是其两个重要的参数。由表中的各组岩芯的首波到达时间及超声波传播速度分析可以看出，完整隐晶质玄武岩的波速最大，为5076m/s；含垂直柱间节理岩芯的声波速度为5000m/s，与完整隐晶质玄武岩的声波速度基本一致；对于含水平柱间节理的岩芯，由于水平节理面的作用，使得岩芯的声波速度最低，为4184m/s；对于含隐微裂隙的玄武岩柱体，由于隐微裂隙的作用使得岩芯的声波速度相对于完整隐晶质岩

芯较低，但由于柱内隐微裂隙较完整，仍能使得玄武岩柱体维持较高的声波速度；对于近水平隐微裂隙试样，其声波传播速度较低，为4329m/s。由以上分析可知，水平柱间节理面的作用使得柱状节理玄武岩的声波速度降低近20%，降低程度明显；另外，玄武岩柱体内的隐微裂隙对于声波的传播速度也具有重要影响，当柱体内部隐微裂隙与垂直方向夹角分别为20°、55°和90°时，玄武岩柱体声波速度分别下降5%、12%和15%，声波各向异性特性较为明显。实际上，对于柱状节理玄武岩而言，柱间节理面及柱体内部隐微裂隙同为缺陷，且在玄武岩岩浆冷凝过程中的同期形成，因此会对柱状节理玄武岩的声波特征、力学特性等产生重要影响。

4.2.5　柱状节理岩体 3D 打印重构试验

柱状节理岩体结构复杂，系统研究其破坏特征及力学特性存在较大难度。由于 3D 打印技术具有可重复性、精确性等优点，为解决此问题提供了思路。因此，以白鹤滩水电站柱状节理玄武岩为研究对象，首先通过现场勘查解析柱状节理岩体结构发育特征；然后在解析结果及柱体力学试验的基础上，探讨包含柱状节理岩体结构精确重构的 3D 打印方法；接着通过开展柱状节理 3D 打印重构体单轴压缩试验，对 3D 打印重构体的力学及破坏特性进行分析，并针对柱状节理 3D 打印重构体各向异性特性开展试验研究，最终为节理岩体的力学特性研究及相关工程建设提供参考依据。

4.2.5.1　3D 打印精确重构方法

由白鹤滩柱状节理玄武岩结构特征分析可知，柱状节理玄武岩的柱体非规则、节理面非平整。然而，现有室内模型试验和离散元数值模拟成果中多将其概化为规则结构，即规则柱体和平整柱间节理，与实际差别较大，且未考虑柱体内部隐微裂隙的影响。而融合了复杂结构建模方法的 3D 打印技术可为柱状节理岩体结构的精确重构提供一条可行的途径。目前已有一些学者基于 3D 打印技术进行岩石试样的打印并对其相应的力学特性进行了研究。然而，由于以柱状节理岩体为代表的岩体结构较为复杂，实现对柱状节理岩体结构的精确重构难度较大。同时，一些学者运用混凝土等相关材料对柱状节理岩体的结构进行了重构，并在此基础上研究了柱状节理岩体的力学及破坏特性，但所重构的柱状节理岩体为规则形状岩体，与非规则柱状节理岩体的重构及力学特性有较大差别。

当前，3D 打印技术在岩石力学与工程中的应用仍处于起步阶段，不同的 3D 打印技术对于模拟岩石材料的适用性并不相同。同时，对于不同的 3D 打印技术，其相应的 3D 打印材料也不尽相同。因此，本节以实现对柱状节理岩体的结构重构为目标，对 3D 打印技术进行总结，从而给出最适用于重构柱状节理岩体的 3D 打印技术及材料，为柱状节理岩体的结构重构提供基础。

1. 工艺流程

对于柱状节理岩体的 3D 打印精确重构，其工艺流程主要可以分为以下几个步骤：

（1）柱状节理岩体结构及力学特性信息的获取。在此步骤中，需要对组成柱状节理岩体的主要结构特征进行获取，如柱间节理面的形貌特征及力学特征、隐微裂隙的分布特征、玄武岩柱体的力学特征等，在获取过程中，可以借助 CT 等技术手段，实现对柱状节理岩体结构的精确获取。

（2）3D 打印数字模型的建立。在柱状节理岩体结构及力学特性信息获取的基础上，对柱状节理岩体的数字模型进行精确重构。

（3）将柱状节理 3D 打印数字模型转化为 3D 打印设备可识别的格式文件，如 .STL 格式等。

（4）根据 3D 打印设备的打印精度，3D 打印数字模型将被分为数层，然后对相关的打印参数及打印路径进行设置。

（5）数字模型文件的 3D 打印。

（6）3D 打印辅助结构的去除，如支撑结构等。

2. 相似性关系

在采用 3D 打印方法对柱状节理岩体进行结构重构时，需要考虑重构体与柱状节理天然岩体的相似性关系，即相似性系数。相似性系数可以定义为重构体几何尺寸、力学特性与天然岩体几何尺寸、力学特性的相应比值，即可以表达为

$$C_i = \frac{i_{RS}}{i_{CJBs}} \tag{4.4}$$

式中 i——重构体（RS）或天然柱状节理岩体（CJB）的物理、力学特性，如应力（σ）、弹性模量（E）、容重（γ）、尺寸（L）、泊松比（ν）、应变（ε）等。

对于柱状节理岩体结构的精确重构，其相似性应该满足以下要求：①几何相似性，模型的几何结构应与原型相似，且模型内部需要存在节理裂隙等结构；② 应力-应变关系相似，模型的变形模量、抗压强度、抗拉强度与原型相似，应力-应变关系曲线相似；③抗剪强度相似，重构岩体与岩石、不连续面界面的抗剪强度应与原型相似。根据相似性关系准则，柱状节理玄武岩重构体与天然岩体之间的相似性系数 C_i 应该满足以下条件：

$$C_\sigma = C_E \tag{4.5}$$

$$C_\varepsilon = C_\nu = 1 \tag{4.6}$$

同时，应力（σ）和尺寸（L）之间的相似性关系应该满足下式：

$$C_\sigma = C_\gamma \cdot C_L \tag{4.7}$$

如果在 $C_\gamma = 1$ 的条件下，相似性系数 C_σ 和 C_L 相等，即

$$C_\sigma = C_L \tag{4.8}$$

以上给出了柱状节理岩体重构体与天然柱状节理岩体的室内试验力学特性和现场试验之间的相似性关系。

通过对柱状节理岩体开展现场试验，可以得到实际柱状节理岩体的力学及破坏特性。现场试验主要分为承压板试验和大型真三轴试验两种。在承压板试验中，承压板的直径为 50.5cm，得到天然柱状节理岩体的弹性模量介于 7.8～25GPa。同时，天然柱状节理岩体的强度在 40～60MPa 之间。当所重构的柱状节理岩体边长尺寸为 10cm 时，柱状节理岩体重构体与承压板试验之间的相似性系数可以计算为 $C_L = \frac{50.5}{10} \approx 5$。另外，根据以上公式，应力、弹性模量等力学参数的相似性系数也应与 C_L 相同。

3. 材料选择

对于柱状节理岩体的 3D 打印精确重构，需要包含柱体、柱间节理面、柱体内部隐微

裂隙等结构特征。在打印材料的选择时，这些关键结构的力学特性需要充分考虑到。根据柱状节理岩体的现场试验和玄武岩柱体室内力学试验，对于重构玄武岩柱体的 3D 打印材料需要高强度和高脆性的基本特征。根据玄武岩柱体的单轴抗压强度和相似性系数等基本特征，满足相似性系数的玄武岩柱体重构体的单轴抗压强度为 $150/50=30(MPa)$。表4.11 列出了玄武岩柱体 3D 打印材料主要力学特征。从表中可以看出，不同颜色 3D 打印材料的主要力学性质包括断裂伸长率、弹性模量、单轴抗压强度、抗弯强度、邵氏硬度以及聚合密度等参数基本一致。

表 4.11 　　　　　　　　　　玄武岩柱体 3D 打印材料主要力学特征

打印材料	Vero 灰	Vero 黄	Vero 黑	Vero 白	Vero 蓝
断裂伸长率/%	10～25	10～25	10～25	10～25	15～25
弹性模量/GPa	2～3	2～3	2～3	2～3	2～3
单轴抗压强度/MPa	70～90	70～90	70～90	70～90	70～90
抗弯强度/MPa	75～110	75～110	75～110	75～110	60～70
邵氏硬度	83～86	83～86	83～86	83～86	83～86
聚合密度/(g/cm³)	1.17～1.18	1.17～1.18	1.17～1.18	1.17～1.18	1.18～1.19

由于 Vero 系列 3D 打印材料的单轴抗压强度在 70～90MPa 之间，所以大于满足相似性系数的玄武岩柱体重构体的单轴抗压强度（30MPa）。同时根据已有 Vero 系列材料的力学试验结果，该类材料相对于岩石材料的脆性较低、塑性较大。3D 打印材料的增脆试验结果表明，3D 打印试件的脆性可以通过紫外光固化、低温冷冻及增加裂隙实现。所以，在玄武岩柱体及柱状节理岩体试样的 3D 打印重构过程中，在试样内部根据已有试验结果添加预制裂隙，添加结果如图 4.30 所示。含隐微裂隙 3D 打印重构体的单轴压缩试验结果表明，含隐微裂隙 3D 打印重构体的单轴抗压强度为 35MPa，单轴抗压强度所对应的轴向应变为 0.048，表明添加隐微裂隙的 3D 打印重构体的力学性质满足相似性系数的相关要求。另外，从应力-应变曲线及试样的破坏状态可知，添加隐微裂隙的 3D 打印玄武岩柱体脆性破坏特征明显。

从以上分析结果可以知道，Vero 系列的光敏树脂材料可以被用来重构柱状节理岩体的柱体结构。在玄武岩柱体重构时，需要在试样内部添加相应的隐微裂隙以减小材料的单轴压缩强度和塑性，进而显著增加脆性。

4. 柱间节理面重构、材料选择

柱间节理面是柱状节理岩体的最为薄弱部分，对柱状节理岩体的力学及破坏特性具有重要影响。根据柱间节理面的拉伸及剪切试验结果分析，柱间节理面的 3D 打印重构需要满足以下基本特征：①由于 3D 打印设备精度的限制，柱间节理面的尺寸需要大于3D 打印设备的精度；②重构的柱间节理面的破坏应为脆性破坏，且应该满足考虑相似性关系的抗拉强度值 $0.42/5=0.08（MPa）$；③重构的柱间界面的剪切力学特性也要满足相应的相似性关系，即在相同法向应力（5MPa）条件下的剪切强度应为 $2.82/5=0.56（MPa）$。

（a）含隐裂隙的玄武岩柱体岩芯

（b）添加隐裂隙的3D打印柱体

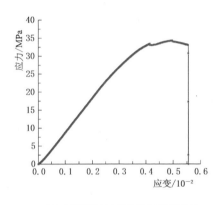

（c）含隐裂隙3D打印柱体单轴压缩曲线

（d）破坏特征

图 4.30　玄武岩柱体 3D 打印重构

由于 3D 打印设备的最小识别精度为 0.014mm，所以为保证柱间节理面结构能够被 3D 打印设备所识别，在柱间节理面结构的设计时将其设置为 0.2mm。同时，重构柱间节理面的 3D 打印材料应与柱体结构的材料不同，从而保证 3D 打印设备对不同结构的有效区分。在柱间节理面重构材料的选取时，需要选取低断裂延伸率及高弹性模量的相关材料，用以满足柱间节理面高脆性的相关要求。在本研究中，通过对 3D 打印设备主要材料的力学参数对比，Fullcure 720 被选用作为重构柱间节理面的 3D 打印材料。表 4.12 为 Fullcure 720 打印材料的主要物理及力学特性。从表中可以看出，Fullcure 720 打印材料的单轴抗拉强度在 40～50MPa 之间，远远高于 0.08MPa 的抗拉强度目标值。所以，在柱间节理面结构的重构时，采用网状结构设计使柱间节理面的抗拉及剪切特性满足其相似关系目标值。

表 4.12　　　　　　　　　　　Fullcure 720 打印材料主要物理及力学特性

材料名称	单轴抗拉强度 /MPa	断裂延伸率 /%	弹性模量 /GPa	抗弯强度 /MPa	邵氏硬度	聚合密度 /(g/cm³)
Fullcure 720	40～50	7～15	1.7～2.5	65～77	75～83	1.18～1.19

柱间节理面的网状结构如图 4.31（a）所示，若拟重构柱间结构面的尺寸位于 $\phi 50\text{mm} \times 100\text{mm}$ 的试样内部，则试样横断面的面积可以计算为

$$S_{\text{total}} = \pi \cdot \left(\frac{D_{\text{total}}}{2}\right)^2 = 3.14 \times 25^2 = 1962.5 \tag{4.9}$$

式中 S_{total}、D_{total}——代表试样的横截面面积（mm^2）和直径（mm）。

在此基础上，网状结构抗拉强度与天然柱间节理面抗拉强度的比值 C_{net} 可以计算为

$$C_{\text{net}} = \frac{0.08}{40} = 0.002 \tag{4.10}$$

所以，柱间节理面网状结构的总面积应该为

$$S_{\text{net}} = C_{\text{net}} \cdot S_{\text{total}} = 0.002 \times 1962.5 = 3.93(\text{mm}^2) \tag{4.11}$$

如果柱间节理面网状结构连接点的直径（D_{point}）设置为 0.2mm，则网状结构连接点的接触面积（S_{point}）可以计算为

$$S_{\text{point}} = \pi \cdot \left(\frac{D_{\text{point}}}{2}\right)^2 = 3.14 \times 0.01 = 0.03(\text{mm}^2) \tag{4.12}$$

则该区域内柱间节理面连接点的个数（N_{point}）为

$$N_{\text{point}} = \frac{S_{\text{net}}}{S_{\text{point}}} = \frac{3.93}{0.03} = 131 \tag{4.13}$$

即在柱间节理面的区域内需要 131 个连接点。若连接点以间排距相等的方式在柱间节理面内均匀分布，则连接点之间的间距为

$$L_{\text{point}} = \frac{D_{\text{total}}}{\sqrt{N_{\text{point}}} - 1} = \frac{50}{\sqrt{131} - 1} \approx 4.5(\text{mm}) \tag{4.14}$$

柱间节理面重构完成后，需对其设计进行验证，验证采用拉伸试验和剪切试验。在柱间节理面的拉伸验证试验中，试样的 3D 打印材料为 Vero 蓝。验证试验的单轴拉伸应力-应变曲线如图 4.31（b）所示，可以看出，应力-应变曲线的峰后跌落明显，表明重构的柱间节理面为脆性破坏。另外，柱间节理面的单轴拉伸峰值强度为 0.084MPa，与考虑相似系数的柱间节理面单轴拉伸强度 0.08MPa 一致。

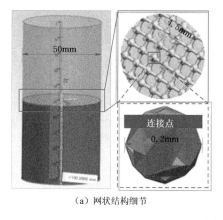

（a）网状结构细节

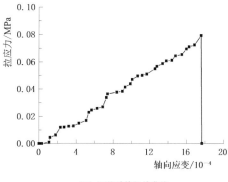

（b）网状结构拉伸曲线

图 4.31 柱间节理面网状结构设计

　　柱间节理面重构体的剪切力学特性验证如图 4.32 所示。验证试验的尺寸设置为 50mm × 50mm × 50mm，试验上下盘的连接采用柱间节理面的网状结构。在试验过程中，试样的上盘被固定，通过对下盘施加水平位移就可以获得柱间节理面重构结构的剪切力学特性。同时，在剪切试验的力学边界条件上考虑相似性关系因素，将剪切速率和法向应力分别设置为 0.1kN/s 和 $5/C_\sigma = 1$MPa。柱间节理面的剪切破坏模式及剪切应力-剪切位移曲线如图 4.32（b）和图 4.32（c）所示，可以看出，柱间节理面重构试样的剪切破坏特性明显。另外，从剪切应力-剪切位移曲线可知，重构的柱间节理面峰值剪切强度为 0.62MPa，略高于设计的目标值 0.56MPa。总之，剪切力学试验结果可知，柱间节理面重构体的剪切力学特性与柱间节理面的网状结构、粗糙度及法向应力有关，同时对于柱间节理面的重构采用网状结构设计可以很好地描述天然柱间节理面的力学及破坏特性，因此柱间节理面的网状结构设计可以被用来重构 3D 打印的柱状节理岩体试样。

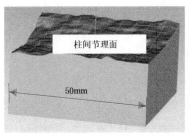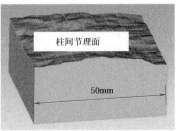

（a）重构的柱间节理面

（b）重构柱间节理面的剪切破坏形式

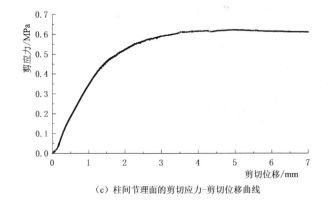

（c）柱间节理面的剪切应力-剪切位移曲线

图 4.32　柱间节理面剪切力学特性验证

5. 柱状节理岩体 3D 打印

由于难以在现场获得一个完整柱状节理岩体立方体试样的内部结构信息，故本节将岩体纵断面测窗地质素描结果作为 3D 重构试样的一个侧面，这一测窗对应的内部结构则通过将此断面的结构信息拉伸获得。首先将岩体结构信息 [图 4.33 (a)] 分为柱间节理面和柱体内部隐微裂隙两部分，如图 4.33 (b) 和图 4.33 (c) 所示。另外，虽然实际岩体中柱间节理面和隐微裂隙均为无充填结构面，但是 3D 打印中结构面必须作为一种材料存在，考虑到 3D 打印设备的最小识别特征尺寸为 0.014mm，本书在建模时将模型中涉及的结构面均处理为厚度为 0.2mm 的薄体，如图 4.33 (d) 所示。

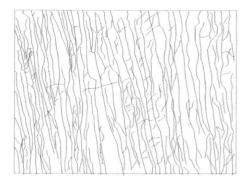

（a）柱状节理玄武岩纵断面测窗精细素描

（b）玄武岩柱体及柱间节理面结构

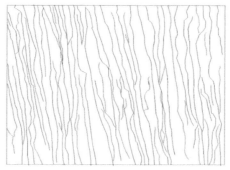

（c）玄武岩柱体内部隐微裂隙

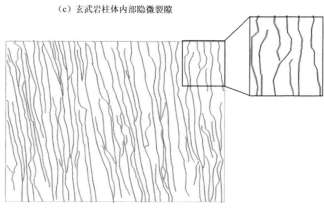

（d）柱间节理面结构的处理

图 4.33 柱状节理玄武岩纵断面测窗处理

73

柱状节理岩体纵断面结构信息处理完毕后，需要确定其拉伸路径，根据水垫塘边坡柱状节理岩体横断面形状的统计结果，生成重构体的横断面形状如图 4.34（a）所示。在此基础上，在垂直和水平方向上分解为如图 4.34（b）和图 4.34（c）所示两个部分，其中图 4.34（b）作为柱状节理玄武岩纵断面的拉伸路径，图 4.34（c）作为模型在横向所加入的柱间节理面。同样在结构信息处理时，将图 4.34（c）中涉及的结构面处理为厚度为 0.2mm 的薄体。

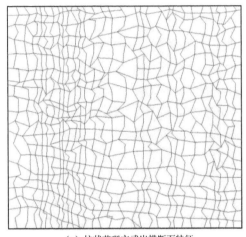

（a）柱状节理玄武岩横断面特征

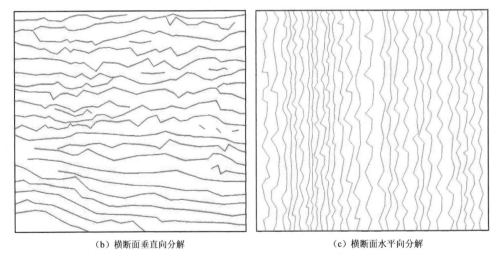

（b）横断面垂直向分解　　　　　　　　　　（c）横断面水平向分解

图 4.34　柱状节理玄武岩横断面结构 3D 打印精确处理

图 4.35 为柱状节理岩体重构的整个过程。首先将玄武岩纵断面素描结果［图 4.33（b）］及纵断面拉伸路径［图 4.34（b）］转化为 .dxf 格式文件后倒入 UG 图像处理软件，然后将图 4.33（b）中的每一柱间节理面按照图 4.34（b）的拉伸路径分别拉伸，所形成的柱间节理面区域如图 4.35（a）所示。纵断面结构拉伸结束后，将图 4.34（c）导入柱间节理面区域，形成柱间节理面模型的上表面结构，然后将模型上表面以内法线方向进行拉伸，形成模型的柱间节理面骨架。柱间节理面骨架形成后，在模型区域内部添加

正方体结构，并与柱间节理面骨架结构进行布尔运算，最终形成柱状节理岩体 3D 打印重构体。模型重构完成后，根据图 4.33（c）中隐微裂隙的统计分析结果，在 3D 打印重构体中添加隐微裂隙结构，如图 4.35（b）所示，其中添加隐微裂隙后的单根柱体模型如图 4.35（c）所示。

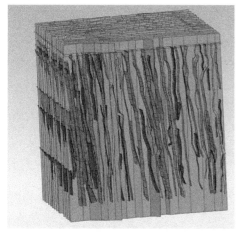

（a）纵断面的拉伸

（b）柱状节理岩体3D重构后隐微裂隙的添加

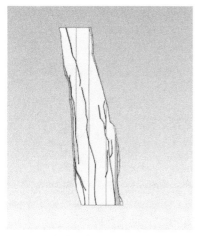

（c）添加隐微裂隙结构的玄武岩柱体

（d）3D打印重构结果

图 4.35　柱状节理岩体 3D 打印重构体重构过程

　　另外，鉴于 3D 打印机所能打印的模型尺寸及试验机试样尺寸的限制，本次打印的立方体模型尺寸为 100mm×100mm×100mm。因此，在 3D 模型结构形成后，将整个模型的尺寸整体缩小 1/10。在进行 3D 打印重构体的材料选择时，需要确定玄武岩柱体、柱间节理面及柱体内部隐微裂隙的相关材料。根据前节中柱状节理玄武岩的现场破坏特征及玄武岩柱体力学试验分析结果及材料比选结果，本书玄武岩柱体重构选择光敏树脂材料。同时，选取水溶 706 支撑材料作为柱间节理面及柱体内部隐微裂隙的材料类型，并在柱间节理面重构时采用网状结构的设计方案。图 4.35（d）为最终生成的柱状节理岩体 3D 打印重构模型，打印完成后，采用自然风干方式进行干燥。

4.2.5.2　3D 重构模型力学特性分析

1. 应力-应变曲线

本次试验采用高压真三轴伺服加载试验系统开展，该设备总体上可分为试验系统和采集系统两部分。其中，采集系统包括声发射系统以及由一台 Svsi Giga View 高速摄像机和一台普通摄像机所组成的摄像系统。试验主机在垂直和水平方向的刚度分别为 9000kN/mm 和 5000kN/mm。本节主要开展了柱状节理岩体 3D 打印重构体的单轴压缩试验，加载速率为 0.002mm/s，同时在试验过程中开展应力、应变、声发射等信息的采集。图 4.36 给出了柱状节理玄武岩 3D 打印重构体的应力-应变曲线结果。

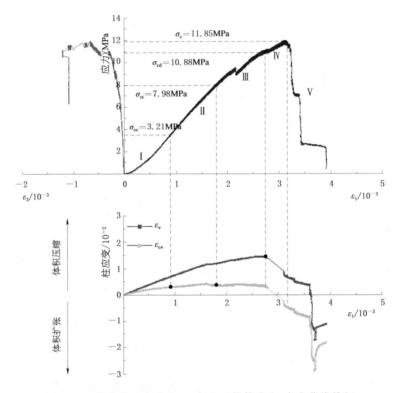

图 4.36　柱状节理玄武岩 3D 打印重构体应力-应变曲线特征

可见，3D 打印重构体的应力-应变曲线可以划分为 5 个典型阶段：第 I 阶段为压密阶段，由于柱间节理面及隐微裂隙等结构由支撑材料充填，在竖向荷载作用下试样内缺陷被压缩，轴向应力-轴向应变曲线呈现出上凹特征，轴向应力-侧向应变曲线近似为直线。第 II 阶段为线弹性变形阶段，在该阶段内的轴向及侧向应力-应变曲线均呈直线，主要表现为柱体的弹性变形。随着荷载的持续升高，到第 III 阶段，柱体内部微裂隙扩展，部分柱间节理张开，部分发生错动，该阶段前期轴向及径向应力-应变曲线仍呈现线性特征，但到后期，均开始显现非线性特征。第 IV 阶段应力-应变曲线表现出强烈的非线性特征，柱体内微裂隙扩展贯通，试样边缘柱体发生外鼓弯折破坏，并不断向内部发展，柱间节理面陆续张开。第 V 阶段为峰后阶段，在该阶段内应力-应变曲线呈现出强烈的脆性特征，试样发生破坏。

试样在每个阶段对应的应力值及应力比（阶段应力/峰值应力）列于表 4.13。可见，

3D打印重构体的弹性模型为5.67GPa，泊松比为0.31，峰值强度为12.25MPa，峰值强度所对应的应变为4.38%。

表4.13 柱状节理岩体3D打印重构体力学强度特征

弹性模量 /GPa	泊松比 ν	闭合强度 σ_{cc} /MPa	启裂强度 σ_{ci} /MPa	损伤强度 σ_{cd} /MPa	峰值强度 σ_c /MPa
5.67	0.31	4.21	7.72	10.18	12.25

2. 破坏过程分析

图4.37为柱状节理玄武岩3D打印重构体在单轴压缩条件下的破坏过程。

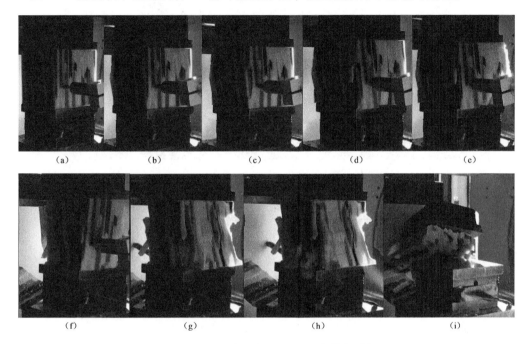

图4.37 柱状节理玄武岩3D打印重构体的破坏过程

其中图4.37（a）对应轴向应力-应变曲线的第Ⅰ至第Ⅱ阶段，这个阶段试样处于压密阶段，并未出现明显的破裂现象。伴随着轴向荷载的增加，重构模型表面开始出现开裂现象，并且可明显听到模型内部脆性破裂的声音，这表明在此阶段内柱间节理面开始发生错动，柱内隐微裂隙出现扩展，对应轴向应力-应变曲线的第Ⅲ阶段，此时，模型状态如图4.37（b）和图4.37（c）所示。图4.37（d）～（f）为第Ⅳ阶段模型的状态，可见，模型外围柱体发生片状剥落，弯折外鼓，部分柱体破坏时甚至发生弹射，柱间节理面张开，内部柱体微裂隙急剧扩展，部分异形柱体发生破坏，脆性破坏的声音加剧。图4.37（g）～（i）为模型峰后破坏阶段的状态，在这个阶段，柱体发生破坏并迅速向内扩展，柱体破坏时弹射十分剧烈，直至模型最后失稳。

3. 破坏特征对比分析

图4.38选取了典型柱状节理岩体3D打印重构体的破坏特征并与实际岩体破坏模式进行对比。图4.38（a）中，由于3D打印重构体不仅考虑了柱间节理面的结构特征，同

时最大限度地考虑了玄武岩柱体内的隐微裂隙，实现了柱状节理岩体结构的精确重构，因此重构体破坏后的碎裂状态总体上与现场实际的破坏形态相一致。图 4.38（b）为 3D 打印重构体的柱体断裂模式与工程现场柱体断裂模式对比，可见二者断裂模式相同。图 4.38（c）为 3D 打印重构体的柱间节理面积破坏与现场柱间节理面破坏模式对比，可见二者同样较为一致。由上述室内试验与现场观察所得岩体破坏模式的对比结果可知，基于结构精确重构的 3D 打印重构体能够较为准确地模拟柱状节理岩体的实际破坏模式。

（a）3D 打印重构体的碎裂模式与现场柱状节理岩体碎裂模式对比

（b）3D 打印重构体柱体断裂模式与工程现场柱体断裂模式对比

（c）3D 打印重构体的柱间节理面破坏与现场柱间节理面破坏模式对比

图 4.38　柱状节理岩体 3D 打印重构体破坏模式与现场破坏模式对比

4. 声发射特征分析

声发射是有效监测岩体内部是否发生破裂的重要方法，在岩石破裂室内试验、岩体工程现场监测等方面得到广泛应用。图4.39为柱状节理岩体3D打印重构体在单轴压缩条件下轴向应力-应变曲线与声发射特征的对应关系图，其中图4.39（a）为3D打印重构体的轴向应力-应变曲线与声发射幅值的对应关系，图4.39（b）为3D打印重构体声发射能量及累积能量图。可见，在应力-应变曲线的第Ⅰ阶段内，重构体的声发射幅值和声发射数目较少，模型内部没有有效的裂纹扩展。在进入第Ⅱ及第Ⅲ阶段后，伴随着重构体中柱体内部裂纹的不断扩展，声发射幅值和数目逐渐增多，与试验过程中所观察到的现象相符。在进入第Ⅳ阶段后，重构体内部声发射数目和幅值急剧增加，特别是高幅值声发射数目较多。在整个过程中，声发射的数目及幅值与重构体的破坏发展过程具有较好的一致性。

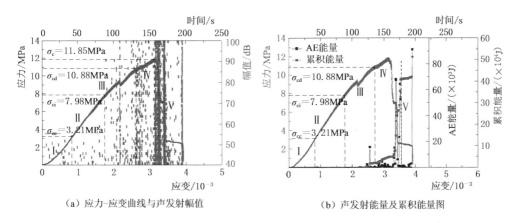

（a）应力-应变曲线与声发射幅值　　　　　（b）声发射能量及累积能量图

图4.39　单轴压缩条件下柱状节理岩体3D打印重构体轴向应力-应变曲线与声发射特征的关系

4.2.5.3　3D打印重构体各向异性试验

1. 柱状节理岩体试样准备

为研究柱状节理岩体的力学特性，根据柱状节理岩体的3D打印重构方法制作不同倾角的柱状节理试样。试样的尺寸设置为100mm×100mm×100mm，试样的倾角设置为0°、30°、45°、60°和90°五种，如图4.40所示。试样制备完成后，可以测定各个试样的主要物理参数，列于表4.14。试验设备仍采用广西大学高压真三轴伺服加载试验系统。

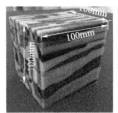

图4.40　不同倾角的柱状节理岩体3D打印重构体

表 4.14　　　　　　　　　　柱状节理试样 3D 打印重构体的物理及力学特性

柱体倾角 /(°)	尺寸 /(mm×mm×mm)	质量 /g	密度 /(g/cm³)	弹性模量 /GPa	单轴抗压强度 /MPa
0	100×100×100	2536	2.54	2.41	5.83
30	100×100×100	2544	2.54	2.85	4.21
45	100×100×100	2543	2.54	2.46	3.12
60	100×100×100	2538	2.54	2.04	2.24
90	100×100×100	2536	2.54	3.59	11.85

2. 试验过程及加载条件

在试验过程中，先将柱状节理岩体的 3D 打印重构体放在试验机的下承载板上。整个试验分为两类，即单轴压缩试验和三轴压缩试验。在三轴压缩试验中，考虑到现场试验的围压情况及相似性关系，将围压设置为 0.2MPa。在加载过程中将轴向位移加载速率设置为 0.002mm/s，然后就可以得到柱状节理岩体 3D 打印重构体在不同加载条件下的力学及破坏特征。

3. 应力-应变关系与破坏模式

不同倾角条件下柱状节理岩体 3D 打印重构体的单轴压缩应力-应变曲线及相应的破坏模式如图 4.41 所示。

从图中可以看出，柱状节理岩体 3D 打印重构体的应力-应变曲线与岩石类材料相似，可分为五个阶段，即裂纹压密段、弹性段、裂纹稳定扩展阶段、裂纹非稳定扩展阶段和峰后阶段。每个阶段之间由特征强度进行区分，分别为闭合应力（σ_{cc}）、启裂应力（σ_{ci}）、损伤应力（σ_{cd}）、峰值强度（σ_f）和残余强度（σ_{re}）。虽然岩体试样的单轴压缩应力-应变曲线总体都与岩体（岩石）相一致，但由于岩体结构的不同，又有各自的特征。例如，对于柱体倾角分别为 0° 和 30° 的 3D 打印重构体，其应力-应变关系曲线的压密段十分明显。这是由于在这种柱体倾角条件下，柱状节理岩体内部的柱间节理面及隐微裂隙受压明显，从而造成其压密段容易识别。伴随着轴向荷载的不断增加，应力-应变曲线呈现出线性特征。在这个阶段中，柱体倾角为 90° 的 3D 打印重构体的线性特征最为明显。这是由于柱体倾角为 90° 的 3D 打印重构体，柱体为主要承载结构，在压缩过程中受到柱间节理面及隐微裂隙的影响较小，因此应力-应变曲线的线性特征明显。在裂纹的稳定扩展阶段，柱状节理岩体 3D 打印重构体内部的裂纹不断出现，特别是当曲线进入裂纹非稳定扩展阶段时，柱体倾角为 45° 和 60° 岩体的非线性特征最为明显。当重构体进入到峰后破坏状态时，柱体倾角为 90° 的 3D 打印重构体的应力跌落特征明显，表明脆性较强；柱体倾角为 0°、30°、45°、60° 的 3D 打印重构体的峰后应力跌落较为平缓，表明脆性相对较弱。

总之，柱体倾角对柱状节理岩体 3D 打印重构体的应力-应变曲线特征具有重要影响。当柱体倾角较低时（0°、30°），由于对柱间节理面及柱体内部隐微裂隙结构的压缩明显，所以重构体在压密段的变形较为明显。当柱体倾角为 45° 和 60° 时，3D 打印重构体试样的变形受到试样剪切破坏的影响。当柱体倾角为 90° 时，柱体结构为轴向荷载的主要承载结构，所以柱状节理岩体 3D 打印重构体呈现出了较好的强度特性。

在图 4.41 中同样给出了不同倾角的柱状节理岩体 3D 打印重构体的破坏模式。从图中可以总结不同倾角 3D 打印重构体的破坏模式主要有以下三种：

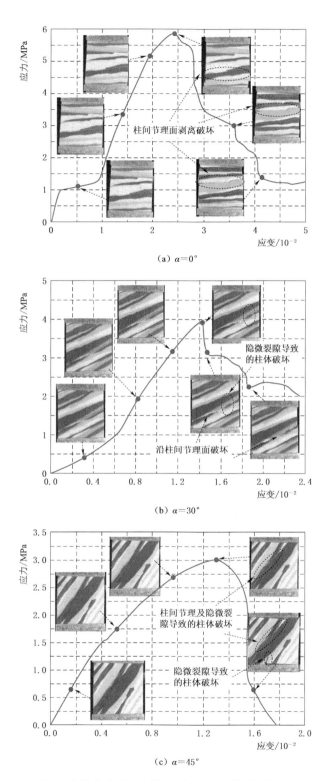

图 4.41（一）　不同倾角的柱状节理岩体 3D 打印重构体破坏模式及应力-应变曲线

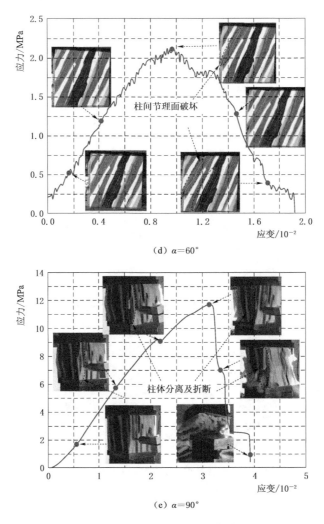

图 4.41（二）　不同倾角的柱状节理岩体 3D 打印重构体破坏模式及应力-应变曲线

（1）沿柱间节理面的劈裂破坏。当柱体和柱间节理面结构的倾角为 0°时［图 4.41（a）］，可以发现柱状节理岩体 3D 打印重构体的破坏模式为沿柱间节理面的劈裂破坏。在沿轴向荷载的方向上，柱状节理岩体 3D 打印重构体破坏为两部分或三部分，且岩体的破坏面主要由柱间节理面组成。柱状节理岩体 3D 打印重构体的这种破坏模式主要为拉伸破坏，同时仅仅几根柱体结构在轴向荷载和隐微裂隙结构的作用下发生破坏。

（2）剪切滑移和拉伸复合破坏模式。随着柱体角度增大（α 为 30°、45°和 60°），一方面沿柱间节理面的剪切破坏是柱状节理岩体 3D 打印重构体的主要破坏模式［图 4.41（b）～（d）］；另一方面，柱体结构和隐微裂隙的拉伸破坏同样在试样中发现。当 α＝30°时，在轴向荷载的作用下试样首先沿柱间节理面发生滑移破坏，然后，由于柱体内部隐微裂隙结构的破裂，使得拉伸破坏面穿过柱体结构。当 α＝45°时，试样剪切滑移面的破坏穿过非规则的柱体结构，同时由柱间节理面和柱体内部隐微裂隙的拉伸破坏同样在试样内部被发现。同时，由于高角度隐微裂隙结构的存在，使得部分柱体结构发生整体折断。当

$\alpha=60°$时，剪切应力对于柱间节理面的剪切破坏模式具有重要影响。总之，从对不同倾角柱状节理岩体 3D 打印重构体的破坏模式分析中可知，当倾角分别为 30°、45°和 60°时，柱间节理面、柱体内部隐微裂隙在轴向应力作用下的破坏是柱状节理岩体 3D 打印重构体破坏的重要原因。

（3）柱间节理面的拉伸破坏及柱体结构的崩断。当重构体倾角 $\alpha=90°$时，柱状节理岩体 3D 打印重构体又为另一种破坏模式。在这种倾角条件下，几乎所有的柱间节理面都为劈裂破坏，最后导致整个试样的解体。同时，由于在柱体内部存在隐微裂隙结构，靠近临空面的柱体结构容易发生破坏并进一步折断。另外还可以在图中发现柱体结构的折断主要是由于柱体结构的非规则及内部存在隐微裂隙结构。由此可见，轴向应力、柱间节理面、柱体结构非规则及隐微裂隙是此种倾角条件下 3D 打印重构体发生破坏的主要原因。

4. 各向异性力学特征

a. 峰值强度

根据图 4.41 可知，不同倾角条件下的柱状节理岩体 3D 打印重构体峰值强度被提取并列于表 4.15 中。图 4.42 据此绘制了单轴抗压强度随不同倾角的变化特征。

表 4.15　　　　　　　　　柱状节理岩体 3D 打印重构体的力学试验特征

柱体倾角 / (°)	单轴抗压强度/MPa	弹性模量 E/GPa	峰值强度所对应的应变/%	残余强度 σ_r/MPa	残余强度 σ_r 所对应的轴向应变/%	峰后割线模量 λ/GPa	脆性指数 B
0	5.83	2.41	2.42	1.46	4.12	2.57	0.94
30	4.21	2.85	1.48	2.38	1.81	5.50	0.52
45	3.12	2.46	1.27	0	1.76	6.35	0.39
60	2.24	2.04	1.10	0	1.92	2.73	0.75
90	11.85	3.59	3.30	0	3.91	19.45	0.18

可以看出，柱状节理岩体 3D 打印重构体的峰值强度存在明显的各向异性特性。当柱体倾角 $\alpha=90°$时，3D 打印重构体的峰值强度为 11.85MPa；当柱体倾角 $\alpha=0°$时，3D 打印重构体的峰值强度为 5.83MPa，为峰值强度的 49.20%；当柱体倾角分别为 30°、45°和 60°时，柱状节理岩体 3D 打印重构体的峰值强度分别为 4.21MPa、3.12MPa 和 2.24MPa，分别为柱体倾角 90°峰值强度的 35.53%、26.33%和 18.90%。为了描述峰值强度的各向异性程度，分别计算各个试样的峰值强度

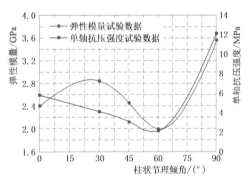

图 4.42　不同倾角的柱状节理岩体
3D 打印重构体的力学变化特征

各向异性系数 $A_S=\sigma_{c90}/\sigma_{c\alpha}$。可以看出，当 α 分别为 45°和 60°时，峰值强度的各向异性系数值分别为 3.80 和 5.29，为峰值强度各向异性特性的较大值。

b. 弹性模量

柱状节理岩体 3D 打印重构体的弹性模量具有明显的各向异性特性。根据图 4.41 中

各试样应力-应变关系曲线，表 4.15 中同样给出了弹性模量的变化情况，并将其变化趋势绘制于图 4.42 中。从表中可以看出，当柱体倾角 $\alpha=90°$ 时，3D 打印重构体的弹性模量为 3.59GPa，为各角度中的最大值。同样的，对弹性模量的各向异性特性进行了计算，当 $\alpha=60°$ 时，此试样的弹性模量为 2.04GPa，即柱状节理岩体 3D 打印重构体的弹性模量各向异性系数的最大值为 $A_E=E_{90°}/E_{60°}=1.76$。

从图 4.41 和图 4.42 中可以看出，柱体倾角为 45°和 60°的柱状节理岩体 3D 打印重构体有更大的变形和更低的强度，即当柱体倾角和轴向应力的夹角分别为 45°和 30°时，柱状节理岩体的力学特性较差。因此在柱状节理岩体的相关工程设计中，应避免最大主应力与柱体倾角的夹角为 45°和 60°的情况出现。

c. 脆性指数

对于脆性指数的计算，目前有统计的脆性指数计算方法大概有 40 多种，但并没有相关的标准方法。在众多的脆性指数计算方法中，由于岩石的应力-应变曲线较为容易获得，通过 $B=E/\lambda$ 来计算岩石的脆性指标是较为常用的一种方法。其中，E 为岩石的弹性模量，λ 为岩石应力-应变曲线峰后阶段的割线模量。在脆性指数 B 中，B 值的数值越大，表明岩石或岩体的脆性越小。所以，对于柱状节理岩体 3D 打印重构体脆性指数的计算，在本节中通过 B 值来衡量。

除了峰值强度和弹性模量的各向异性特性外，从表 4.15 中还可以看出峰值强度所对应的轴向应变同样各向异性特性明显。当柱体倾角分别为 60°和 90°时，峰值强度所对应的轴向应变最高值和最低值分别为 3.30% 和 1.10%。当柱体倾角分别为 0°、30°和 45°时，峰值强度所对应的轴向应变分别为 2.42%，1.48% 和 1.27%。从结果上可以看出，峰值强度所对应的轴向应变也呈现出 U 形变化特征。

在衡量岩体的脆性时，残余强度及其所对应的应变是非常重要的计算指标与依据。当柱体倾角分别为 0°和 30°时，柱状节理岩体 3D 打印重构体的残余强度分别为 1.46MPa 和 2.38MPa；其峰值强度所对应的轴向应变分别为 4.12% 和 1.81%。当柱体倾角分别为 45°、60°和 90°时，试样的残余强度都为 0MPa。这是因为在柱体试样加载到一定程度时，整个柱状节理的试样都因破坏而失稳。在这三种柱体倾角下，残余强度所对应的轴向应变分别为 1.76%、1.92% 和 3.91%。另外，对于试样峰后的应力-应变曲线特征，其峰后割线模量 λ 同样对于岩体脆性的衡量具有重要影响。当柱体倾角为 90°时，其峰后割线模量 λ 为 19.45GPa，为各值中的最高值；当柱体倾角分别为 0°和 60°时，其峰后割线模量 λ 分别为 2.57GPa 和 2.73GPa，为各试样中的最低值。当柱体倾角分别为 30°和 45°时，其峰后割线模量 λ 分别为 5.50GPa 和 6.35GPa。

根据柱状节理岩体 3D 打印重构体的力学性质，计算各试样的脆性指数 B，可以看出，当柱体倾角为 90°时，其脆性指数 B 值最小，表明试样的脆性最高；当柱体倾角分别为 0°和 60°时，脆性指数 B 较大，分别为 0.94 和 0.75，表明试样的脆性程度较低；当柱体倾角分别为 30°和 45°时，脆性指数 B 居中，分别为 0.52 和 0.39。从不同倾角柱状节理岩体 3D 打印重构体的脆性指数分析可知，3D 打印重构体的脆性指数同样具有非常明显的各向异性特性。当柱体倾角为 90°时，由于重构体的承载主要由柱体结构承担，因此其脆性程度较高；然而，当柱体倾角水平时，3D 打印重构体试样的破坏主要沿着柱间节理面破坏，因此其变形较大，导致脆性程度较低；当柱体倾角倾斜时，可以同时发现柱间节理面和柱体内部隐微裂隙的拉伸及剪切破坏，所以导致其脆性指数值位于中值。

5. 围压影响

图 4.43（a）给出了不同倾角（45°、60°和 90°）柱状节理岩体 3D 打印重构体在围压为 0.2MPa 条件下的应力-应变曲线。

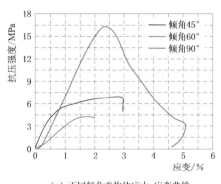
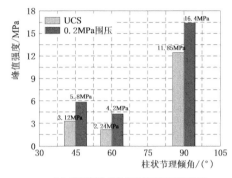

（a）不同倾角重构体应力-应变曲线　　　（b）不同倾角重构体峰值强度变化特征

图 4.43　围压条件下不同倾角柱状节理岩体 3D 打印重构体的力学变化特征

从图中可以看出，应力-应变关系曲线同样可以分为几个阶段，但与单轴压缩条件下的应力-应变关系曲线对比可知，其曲线特征在形状上有所不同。对于柱体倾角为 45°的柱状节理岩体 3D 打印重构体，可以看出应力-应变曲线呈现出明显的延性特征。当轴向应变达到 2.88%时，由于柱间节理面的破坏导致应力-应变曲线出现应力跌落；当柱体倾角为 60°时，可以看出试样的弹性模量和峰值强度都比倾角为 45°的试样小；当柱体倾角为 90°时，可以看出应力-应变曲线的脆性特征明显且与单轴压缩试验条件下的曲线形状类似，表明其脆性程度较高。另外还可以发现，柱体倾角为 45°和 60°的柱状节理岩体 3D 打印重构体试样的残余强度要高于柱体倾角为 90°的试样。

图 4.43（b）为不同倾角条件下柱状节理岩体 3D 打印重构体在围压为 0.2MPa 时的峰值强度变化特征，对比单轴抗压强度可知，在 0.2MPa 围压的条件下，柱状节理岩体 3D 打印重构体（45°、60°和 90°）的峰值强度分别提高了 85%、88%和 38%。所以，对于柱状节理岩体中的开挖工程来说，对工程开挖之后的及时支护对于维持岩体的强度和稳定性具有非常重要的意义。

4.3 硬性结构面岩体脆性特性

4.3.1 含硬性结构面玄武岩加载全局力学行为的影响

试验所用岩样取自白鹤滩水电站地下厂房典型破坏发生段边墙处隐晶质玄武岩，白鹤滩左右岸厂房第一层开挖采用中导洞→两侧扩挖的方式进行，伴随开挖，厂房边墙、拱肩、顶拱均有局部破坏发生，例如，围岩表层片帮、侧拱应力-结构型塌方、断层或错动带附近垮落、块体失稳等，破坏的发生与结构面有着密不可分的联系，在开挖卸荷的作用下，洞室内地应力重新分布，结构面延伸、开裂、滑移，对岩体本身稳定的结构产生不利影响，从而导致围岩破坏。所取玄武岩试样内包含有天然未张开硬性结构面，且具有一定黏结强度。试验是对自然风干的岩样进行的，其风干密度为 $2.85 \times 10^3 \, \mathrm{kg/m^3}$，完整岩块弹性模量为 70GPa，泊松比为 0.35。

选取典型含硬性结构面玄武岩试样分析其破坏过程和破坏机制，如图 4.43 所示。

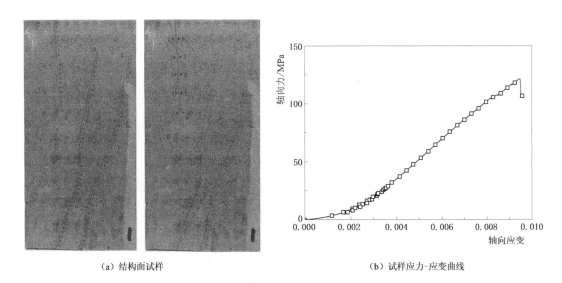

（a）结构面试样　　　　　　　　　　　（b）试样应力-应变曲线

图 4.43　含硬性结构面玄武岩试样结构面位置示例以及单轴试样应力-应变曲线

含结构面试样加卸载全过程亦可分为以下典型阶段：

（1）加载初始阶段，岩体试样中存在 4 条硬性结构面，在原始三向地应力下为压密状态，未张开，伴随开挖卸荷，结构面本身性质较好，并未产生明显断口，试验中，0～10％峰值应力的初始压力使其内部裂隙闭合，结构面两侧轴向位移等高线发生明显错位，证明结构面两侧在压头的作用下产生不同位移，经过此阶段后，结构面紧密贴合，10％～20％峰值应力的加载时刻，结构面两侧岩体上半段侧向位移基本一致，但下半段两侧侧向位移相差较大，受结构面影响，下半段侧向位移等值线与加载方向产生约 30°夹角的偏转，如图 4.44 所示。

（2）线性加载段（20％～60％峰值应力），侧向位移不断增大，且结构面不再以原始结构面发展为主，还不断产生次生结构面。轴向位移以原始结构面与次生结构面为轴，位移等高线呈放射状发生，而次生结构面将试样分割后，左侧一部分在不断加载时，其位移较右侧主要部分小很多，岩样彻底成为两部分，如图 4.45 所示。

（3）加载至 60％～80％之间，产生多条次生结构面，部分由初始结构面延伸产生，部分为多条初始结构面贯穿产生，加载后期出现崩裂及弹出小碎块的现象，试样崩开，但仍可能继续承压，直至达到峰值，试样炸裂，发出巨大声响，如图 4.46 所示。

为了进一步分析结构面两侧区域的变形特征，提取结构面 I 两侧的 10 个追踪点（如图 4.43 所示）加载全程各阶段的侧向位移与轴向位移，如图 4.47 和图 4.48 所示。

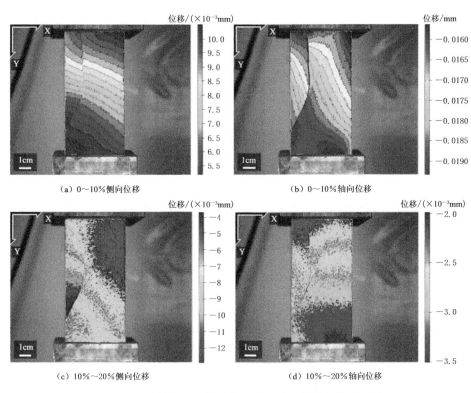

（a）0～10%侧向位移　　　　　　　（b）0～10%轴向位移

（c）10%～20%侧向位移　　　　　　（d）10%～20%轴向位移

图 4.44　含结构面试样单轴压缩裂隙压密阶段位移云图

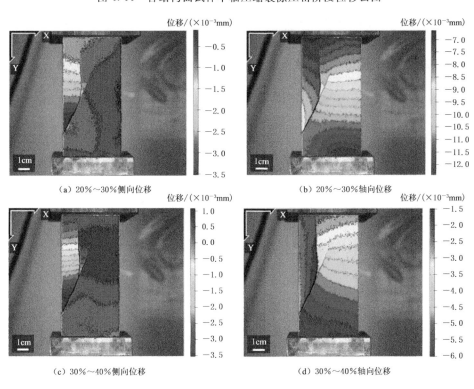

（a）20%～30%侧向位移　　　　　　（b）20%～30%轴向位移

（c）30%～40%侧向位移　　　　　　（d）30%～40%轴向位移

图 4.45（一）　含结构面试样单轴线性加载阶段位移云图

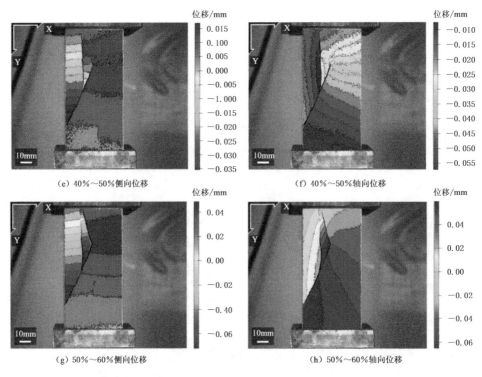

(e) 40%～50%侧向位移 (f) 40%～50%轴向位移

(g) 50%～60%侧向位移 (h) 50%～60%轴向位移

图 4.45（二） 含结构面试样单轴线性加载阶段位移云图

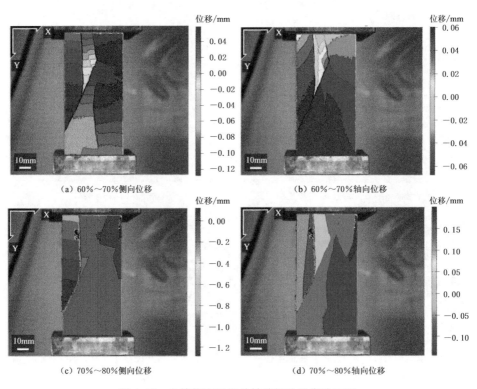

(a) 60%～70%侧向位移 (b) 60%～70%轴向位移

(c) 70%～80%侧向位移 (d) 70%～80%轴向位移

图 4.46 含结构面试样单轴破坏阶段位移云图

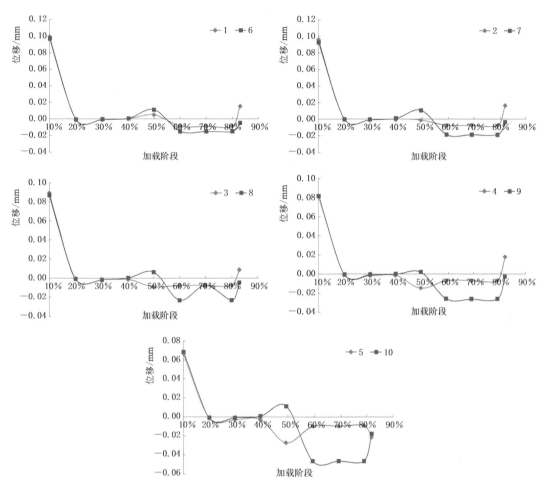

图 4.47　结构面两侧对应点在不同加载区间内的侧向位移曲线

　　图 4.47 为结构面Ⅰ两侧对应的 10 个点在不同加载区间内的侧向位移。在加载至峰值强度 40％前，除点 5 和点 10 在 20％～30％区间内有约－0.002mm 的错动，原因在于点 5 和点 10 在裂隙尖端，且偏向结构面Ⅱ尖端，此区间加载使结构面Ⅰ尖端张开，其余各两点侧向位移一致，暂时未发生张开与错动，40％～50％加载区间，结构面左侧点 1～5 产生明显向左侧的位移，结构面张开，且由 1～5 点张开程度加深，即点向左侧位移逐步递增，这些点在后续每个阶段的侧向位移量相近，证明部分与试样主体分离，虽能继续承载，但能力有限，50％～80％加载区间，由于结构面左侧岩体脱离，6～10 点可向侧向自由发展，且越靠近结构面Ⅱ尖端，侧向位移发展幅度越大。随荷载继续施加，结构面Ⅰ左侧块体发生偏转。

　　图 4.48 为结构面Ⅰ两侧对应的 10 个点在不同加载区间内的轴向位移。同样，初始加载阶段，裂隙由自然状态过渡到压密状态，加载进行到 40％前，结构面两侧未发生错动，两侧点位移同步发展，40％～50％阶段，两侧点位移不再同步，发生明显错动，且裂纹尖端发展错动程度较大，发生错动后，处于弹性加载中后续各阶段 50％～70％，结构面两侧各点每阶段位移仍相近，结构面本身黏结仍能分担一定作用。加载后期 70％～80％，

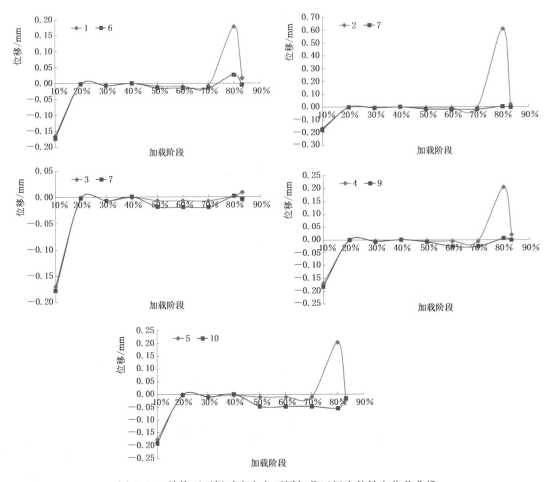

图 4.48 结构面两侧对应点在不同加载区间内的轴向位移曲线

结构面左侧点产生位移与试验机压头加载方向相反，产生滑动，证明该部分与主体分离，无法继续承载压力。位移曲线证明，结构面尖端在加载至峰值 40%～50% 最先产生张开与错动，且幅度最大，后续发展以试样张开后主体继续承载为主。结构面两侧点发展程度不同即代表结构面两侧块体不同的发展趋势，多条结构面同时存在时，性质最差的面最先发生张开与错动，大大降低岩块本身的承载能力。

4.3.2 含不同倾角硬性结构面玄武岩单轴压缩的破坏和强度特征

表 4.11 总结了含硬性结构面玄武岩单轴压缩试验的破坏模式和单轴抗压强度，发现玄武岩结构面与加载方向的夹角以及结构面的组合形式影响着试样的最终破坏模式，当结构面与加载方向夹角较小时，玄武岩结构面试样主要发生沿结构面发劈裂破坏，由于玄武岩试样的结构面未贯穿整个试样，试验过程中可明显观测到裂纹沿着结构面发育直至贯穿试样，为试验的停止提供参考，如表 4.11 中 J-1 和 J-2 试样；当结构面与加载方向近似垂直或大角度相交时，试样的最终发生劈裂破坏，如表 4.11 中 Y-4 试样；当结构面与加载方向呈小角度相交时，试样则沿着结构面发生剪切滑移破坏，如表 4.11 中 Y-12 试

样；当结构面与加载方向的夹角在 $20°\sim35°$ 之间时，试样则发生剪切劈裂混合破坏，一部分试样沿着结构面剪切滑移，另一部分的完整试样发生劈裂破坏，如表4.11中 J-5 和 X-7 试样。另外，表 4.16 中 Y-11 试样虽然结构面与加载方向的夹角为 $60°$，按照上述规律，试样则发生劈裂破坏，然而 Y-11 试样最终发生剪切破坏，这可能与 Y-11 试样结构面发育不完全、没有完全贯穿整个试样有关。

表 4.16　　　　　　　　　天然硬性结构面玄武岩试样试验结果

试样编号	结构面与加载方向夹角/(°)	峰值强度/MPa	破坏类型	试样原始照片	试样破坏照片
J-1	6	216.71	劈裂破坏		
J-2	3	193.42	劈裂破坏		
Y-4	56	266.96	劈裂破坏		
J-5	19（结构面①） 23（结构面②） 16（结构面③） 54（结构面④）	212.43	剪切劈裂组合		

续表

试样编号	结构面与加载方向夹角/(°)	峰值强度/MPa	破坏类型	试样原始照片	试样破坏照片
X-7	35	135.66	剪切劈裂组合		
Y-11	60	212.43	剪切破坏		
Y-12	12	203.59	剪切破坏		

　　玄武岩结构面试样的单轴抗压强度与结构面产状存在关系，劈裂破坏的试样峰值强度相对比较大，而剪切破坏试样的抗压强度则较小，此现象同大理岩结构面试样单轴抗压强度与结构面倾角的关系相同，然而，由于玄武岩岩石本身离散性大的原因，使得玄武岩结构面对强度的弱化作用没有大理岩结构面明显。

4.3.3　含不同倾角硬性结构面玄武岩加载过程中的声发射特征

　　含硬性结构面玄武岩单轴压缩试验过程中利用声发射技术捕获破裂信息，另外，玄武岩结构面试样还增加了峰前单轴循环加卸载环节，图 4.49 给出了玄武岩结构面试样典型声发射结果。由图 4.49 知，玄武岩结构面试样声发射撞击率相对于大理岩结构面试样较大，且一旦加载力超过玄武岩试样的起裂应力之后，即声发射撞击率的第一个明显起跳点，此时刻加载应力大约为峰值应力的一半，声发射撞击率则先较为均匀地增加然后在峰值时刻附近突增，此现象在累计撞击率的演化曲线上表现得更加明显，玄武岩试样能量率和累计能量的演化特征与声发射撞击规律基本一致，这是由于试样在加载过程中内部微裂纹不断萌生、扩展和贯穿，期间将不断释放能量，因此，两者的规律性是相似的。

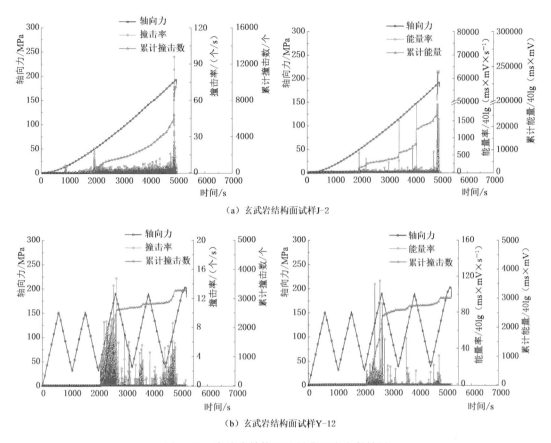

（a）玄武岩结构面试样J-2

（b）玄武岩结构面试样Y-12

图4.49 玄武岩结构面试样典型声发射结果

玄武岩结构面试样 J-2 的结构面与加载方向的角度为 3°，J-2 试样最终发生劈裂破坏；玄武岩结构面试样 Y-12 的结构面与加载方向的角度为 12°，Y-12 试样最终发生剪切破坏。在图 4.49 中，J-2 试样的累计撞击率和累计能量都远大于 Y-12 试样，这是由于相对于 J-2 试样整体劈裂破坏，Y-12 试样主要发生沿结构面倾向的剪切滑移破坏，破坏程度不彻底，试样完整区域还存在一定的承载力。

在单轴循环加卸载试验中，玄武岩结构面试样 Y-12 的声发射结果也体现出一定的阶段性特征。试样在第三个循环的加荷阶段时开始出现明显声发射撞击，并持续快速增加，甚至在第三个卸荷阶段也有一定量的声发射事件，而在第四个和第五个循环阶段试样则产生很少的声发射特征，这是明显的凯塞效应（kaiser effect），试样在峰值时刻则又出现了一个明显的声发射撞击和释放能量峰值，说明试样失稳破坏表现出很强的脆性。

4.3.4 含硬性结构面大理岩脆性特征

4.3.4.1 硬性结构面成分的影响

本小节采用中国锦屏地下实验室二期（CJPL-Ⅱ）工程 4 号实验室端头竖井含天然硬性结构面大理岩为研究对象。试样取自竖井开挖的第一层，位于背斜南东翼，该洞段围岩有断裂构造发育，岩性为白色夹铁灰色条带的厚层状细晶大理岩，岩石坚硬致密，围岩以Ⅲ类为主，局部可为Ⅳ类，现场结构面以钙膜或铁锰渲染为主，颜色呈棕黄色，与原岩颜色差别明显，因此，可以明显分辨原生结构面的存在。

本小节所用大理岩按硬性结构面成分不同可分为两种：一种硬性结构面为钙质胶结，钙质厚度为 1～5mm，母岩为乳白色；另一种硬性结构面为白色细条带胶结，母岩为灰黑色掺白色。试验结束后将两组试样母岩与结构面位置分别敲碎研磨，干燥过筛，进行矿物成分分析，结果见表 4.17。

表 4.17　　　　　　　　　　含硬性结构面大理岩成分分析

分析位置	白云石 [CaMg (CO$_3$)$_2$]/%	方解石 (CaCO$_3$)/%
乳白色母岩	90.93	9.07
钙质胶结结构面	76.69	23.31
灰黑色掺白色母岩	89.27	10.73
白色条带结构面	87.71	12.29

两组试样硬性结构面矿物成分均与母岩一致，即都是由白云石和方解石矿物组成。但两种类型的结构面矿物各成分含量不同，后续试验结果表明，硬性结构面处的矿物成分对大理岩变形和强度都有一定程度的影响。

含硬性结构面大理岩单轴压缩试验过程及 DIC、AE 监测方式同第 4 章含结构面玄武岩试验。由 DIC 获取的全局变形场演化可知（图 4.50），大部分岩样在加载初期，岩样的变形场并没有由于硬性结构面的存在而表现出明显的非连续特征，这是因为硬性结构面厚度很小，硬性结构面两边岩体基本处于刚性接触状态，只有当法向或切向应力达到其黏结强度时，硬性结构面张开或者滑移，才会使岩样在结构面处表现出较大的位移梯度。所以在加载初期甚至是中期，母岩承担了大部分的变形，硬性结构面的存在对变形的影响不显著。表 4.18 中各组岩样的宏观应力 - 应变曲线在峰前吻合较好也说明了这一点，这是由硬性结构面本身的性质决定的，与软弱结构面的力学行为有较大的区别。

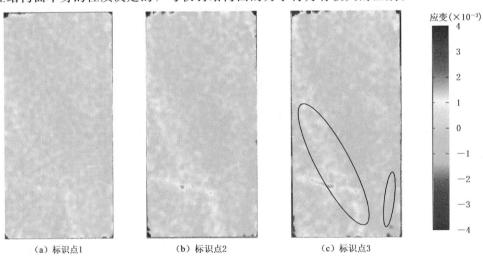

（a）标识点1　　　　　　（b）标识点2　　　　　　（c）标识点3

图 4.50（一）　不同加载阶段含结构面大理岩试样 S-2 全局剪应变场分布

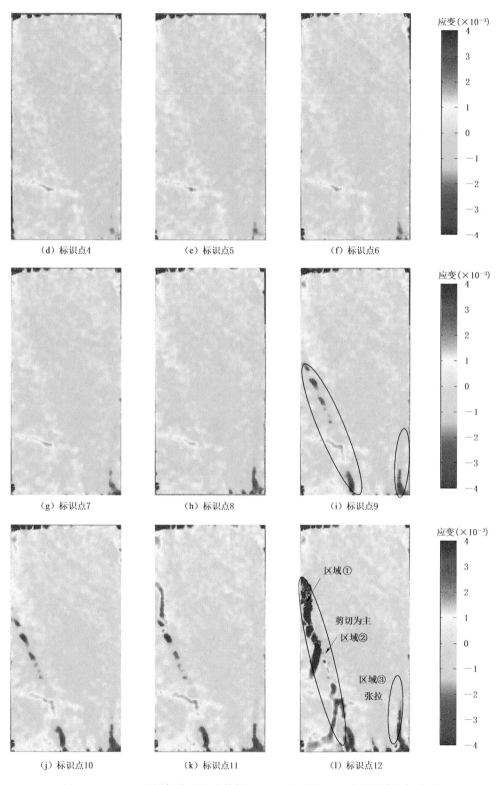

（d）标识点4　　　　　　（e）标识点5　　　　　　（f）标识点6

（g）标识点7　　　　　　（h）标识点8　　　　　　（i）标识点9

（j）标识点10　　　　　　（k）标识点11　　　　　　（l）标识点12

图 4.50（二）　不同加载阶段含结构面大理岩试样 S-2 全局剪应变场分布

表 4.18　　　　　　　　　　　锦屏大理岩天然硬性结构面分布描述及试验结果

试样编号	结构面与加载方向夹角/(°)	破坏类型	试样观测面照片	应力-应变曲线
a（H—1）	83	劈裂破坏		劈裂破坏（试样a）、劈裂破坏（试样b）
b（V—1）	2	劈裂破坏		
c（I—3）	18（结构面①） 62（结构面②） 59（结构面③）	剪切劈裂组合		剪切劈裂组合破坏（试样c）、剪切劈裂组合破坏（试样d）
d（H—2）	89（结构面①） 66（结构面②）	剪切劈裂组合		
e（I-4）	41（结构面①） 17（结构面②）	剪切破坏		剪切破坏（试样e）、剪切破坏（试样f）
f（S—2）	18（结构面①） 24（结构面②）	剪切破坏		

注 试样照片中虚线为原生方解石白色条带，点划线部分为钙质胶结带，实线及箭头部分为破裂面及试样破坏趋势。

由表 4.18 可见，试样 a 的破坏为母岩的劈裂破坏，而试样 b 的破坏为硬性结构面张开破坏，从中可以看出母岩和硬性结构面对试样强度控制的差异。另外，钙质胶结结构面处白云石成分较母岩降低约 14%，对岩样整体性质影响较大，试验后数据显示此组试样整体强度降低约 25%，试样整体变形较小；而白色条带处白云石及方解石成分含量与母岩基本一致，作为结构面，其排列组合模式及分布位置作为主要因素影响试样破裂过程演化规律。

4.3.4.2 硬性结构面倾角的影响

由于天然岩体内结构面条数、胶结厚度以及产状随机性强，因此本小节所用部分试样内含多组硬性结构面，且两组试样的硬性结构面物理力学性质相差较大。例如表 4.18 中，含结构面大理岩试样中结构面与加载方向夹角不同（二者近似平行、相交及近似垂直）、组数不同、结构面组间关系不同。

天然岩体内包含的结构面倾角与条数均有很大差异，下面以表 4.18 中的试样作为典型代表加以说明：

当结构面为单条时，结构面与加载方向夹角影响试样的整体强度及破坏模式，如试样 a 和试样 b 所示，结构面与加载方向近似垂直与平行时，均为劈裂破坏；二者也有所差别，例如试样 b 为结构面的张开，而试样 a 中结构面对试样没有显著的控制效应，可以认为其对该试样破坏没有影响。

当多条结构面同时存在时，结构面组控制效应加剧，试样 d 从试验初始便出现了沿结构面组的错动，与完整部位相比，结构面组间性质较差，在荷载下易发生错动，随荷载不断增加，错动持续发展，试样中易衍生出新的裂纹并向试样端部快速贯通，形成张拉破坏，故试样为剪切劈裂复合破坏模式；试样 e 中两条结构面相交，呈"丁"字形，随着载荷不断增大，试样呈现共轭剪切模式，结构面形成 X 型剪切面；试样 f 中存在两条倾角相近的结构面，形成结构面带，结构面带附近不仅存在沿结构面方向的相互错动，靠近端部亦存在劈裂张拉破坏，正如应力-应变曲线所反映的试样 d、试样 f 强度不同，与试样 f 相比，当构成结构面带的结构面之间存在先期错动（如试样 d 所示）时，结构面带的性质更差，强度更低。

硬性结构面的产状（例如，结构面与加载方向的夹角）对大理岩破坏模式和强度特征有很大的影响，同样以表 4.18 中的试样作为典型代表加以说明。

当结构面与加载方向近似垂直时（对应试样 a），结构面的存在对破坏过程影响最小，此时认为是岩石基质遭到破坏，因而峰值强度也较高。

当结构面与加载方向近似平行时，岩样沿结构面张开，其强度可视为结构面开裂强度（对应试样 b），因而强度也较低。尽管都表现为劈裂破坏，形式比较单一，但前者是大理岩基质强度的丧失，而后者是结构面强度的丧失，此时结构面对大理岩的破坏起到绝对的控制作用。

当结构面与加载方向夹角为 $0°\sim90°$ 时，大理岩的破坏过程更加复杂，不再表现为单一的破坏形式，岩样的破坏过程由结构面的性质和基质性质共同控制。当大理岩中含有多组结构面时，与载荷方向夹角较小的结构面将对岩样的破坏起控制作用，例如试样 c，结构面①与加载方向的夹角较小，由 DIC 实时变形场观测结果可知，随着载荷的增加，岩样首先在结构面①处产生滑移，进而诱发上方裂纹尖端沿着与加载方向平行的方向扩展；

与加载方向夹角较大的结构面②和结构面③在加载过程中则并没有滑移的趋势。试样 d 也类似，②组结构面中与加载方向夹角较小的结构面②首先滑动，由于结构面②和加载方向的夹角较大，在滑动后结构面②中部出现了沿着载荷方向的劈裂破坏，而结构面①在加载过程中并无滑动的趋势，所以试样 c 和试样 d 都表现为剪切劈裂复合破坏模式。试样 e 和试样 f 则表现为以剪切为主的破坏，试样 e 的两条结构面在加载过程中先后出现错动滑移，导致最终的剪切破坏，而试样 f 尽管在加载后期于端部出现了小范围的张拉破坏，但整体以沿结构面的剪切破坏为主。由此可见，在实际工程中，在结果面发育位置，应根据最大主应力方向，对与其呈小角度相交的结构面及时采取支护措施，避免破坏的发生。

为了进一步从微细观角度解释试样的破坏机制，试验后对主破裂面断口进行 SEM 扫描，扫描结果如图 4.51 所示。

（1）图 4.51（a）组试样内结构面与加载方向夹角为 18°～25°（对应表 4.18 中试样 f），扫描视野中呈现多组擦痕，台阶平面段呈镜面状，高度小，试样在该位置以剪切滑移

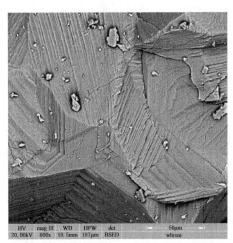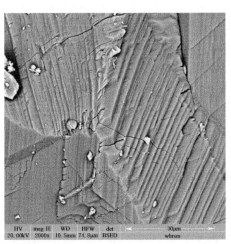

（a）剪切滑移型断裂扫描结果

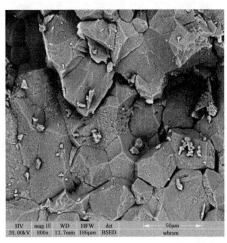

（b）张拉劈裂型断裂扫描结果

图 4.51（一）　含结构面大理岩试样破裂面电子显微镜扫描结果

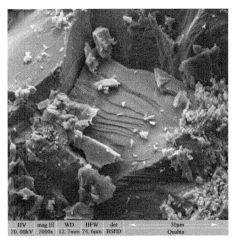

（c）混合型断裂扫描结果

（d）穿晶解理断裂扫描结果

图 4.51（二）　含结构面大理岩试样破裂面电子显微镜扫描结果

型断裂为主。

（2）图 4.51（b）组试样内破裂面与加载方向夹角为 85°～90°（对应表 4.18 中试样 d 劈裂部位），扫描视野中可见方解石晶体的短柱状结构或多面体状组合在一起，晶体内部呈薄层状结构，其解理多发生在 3 个非正交的平面上，破坏发生后，破裂面不平整且多沿解理面发展，棱角鲜明，台阶高低不平，试样在该位置以张拉劈裂型断裂为主。以上两种典型破坏扫描样中均可见少量碎屑随机分布在断口处。

（3）图 4.51（c）组试样内结构面与加载方向夹角为 60°～70°，扫描视野中可见破裂面棱角没有图 4.51（b）组可见的棱角鲜明，破裂面高低不平，但台阶平台处可见少量擦痕，证明试样在加载过程中结构面的破坏以张拉为主，再次嵌入错动产生剪切痕迹，擦痕处台阶高度小，近似平行，且复合型破裂产生大量碎屑，碎屑大小不一，分布杂乱。

（4）图 4.51（d）组试样内结构面与加载方向夹角为 0°～5°（对应表 4.18 中试样 b 结构面位置），结构面张开，方解石晶体内薄层状结构被破坏，晶体内部出现断裂面，不再是一个整体，呈现穿晶解理断裂。

4.3.4.3 全局变形场演化特征

DIC 观测结果表明，在加载初期，甚至到中期，试样位移场并没有因为硬性结构面的存在而表现出较明显的非连续特征，而硬性结构面的破裂表现出从弱非连续到强非连续的变形过程。因此，仅用位移场来描述硬性结构面的变形破坏过程，会忽略位移出现非连续之前的弱非连续变形阶段，采用位移场和应变场相结合的方式来描述硬性结构面的破裂过程则更为全面。

以表 4.18 中试样 f 为例，通过初步分析并根据加载曲线的特点，选取加载全程中 13 个典型时刻进行标识，即标识点 0～12，如图 4.52 所示。其中，标识点 0 为采用数字图像相关方法分析的参考点，即试样的加载起始点。

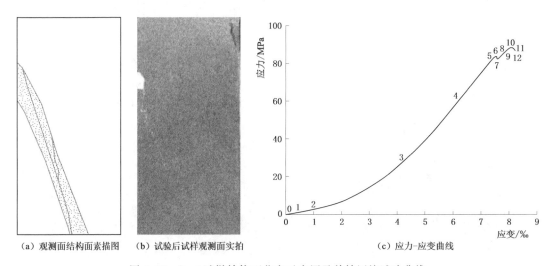

（a）观测面结构面素描图　（b）试验后试样观测面实拍　　　　　　（c）应力−应变曲线

图 4.52　S−2 试样结构面分布示意图及单轴压缩试验曲线

标识点 1 和标识点 2 位于加载曲线的裂纹压缩闭合阶段，标识点 3 和标识点 4 位于加载曲线的线弹性变形阶段，标识点 5～标识点 7 位于加载曲线的第一个应力降阶段，标识点 8 和标识点 9 位于加载曲线的应变硬化阶段，标识点 10 位于加载曲线的峰值阶段，标识点 11 和标识点 12 位于加载曲线的峰后阶段。

以图 4.52 中标识点 0 时刻对应的散斑图像作为参考图像，图 4.50 给出了标识点 1～标识点 12 不同加载水平下对应的全局剪应变场演化云图。从中可清晰地看到试样在加载全程中应变局部化现象的演化趋势，应变局部化带的位置与试样结构面在观测面上的分布相对应。其中标识点 1 和标识点 2 位于试样加载的裂纹压密阶段 [图 4.50（a）和（b）]，从全局应变场演化可见，此时试样的变形较小，最大剪切应变量值很小，标识点 2 对应时刻的最大剪切应变值大于标识点 1 时刻的最大剪切应变值；标识点 3 和标识点 4 位于试样加载的线弹性阶段 [图 4.50（c）和（d）]，此阶段试样的整体应变场比较均匀，但是在硬性结构面条带和试样的右下区域分别产生性质相反的应变集中区域，即应变局部化带出现，而硬性结构面条带处在第一个应力降之前应变局部化带向不很明显 [图 4.50（a）～（h）]；随着载荷的增加，应变出现了突增 [图 4.50（i）]，此时也出现有位移的跳跃，最终在此处形成以剪切为主的局部化带 [图 4.50 (j) ～ (l)]，而右下角始终以劈裂张拉为主；载荷达到峰值强度后，随着位移的增加，载荷下降，标识点 11 和标识点 12 位于试样的峰后阶段 [图 4.50 (k) 和 (l)]，硬性结构面条带内的变形量值增大，试件最终破坏形态受结构面控制。

由图 4.50 可知，采用 DIC 获取的全局应变场，可以较好地跟踪应变局部化带的演化过程，根据试样最终破坏的位置以及加载全程的剪应变云图，可以确定出局部化带的位置，如图 4.50 (l) 所示。由于应变场反映的是弱非连续变形特征，岩石断裂后引起的强非连续变形特征可以用位移的演化来描述，因此，在试样应变局部化带两侧分别选取 3 组对称点 [图 4.50 (l) 中的区域①～③] 作为分析对象，每组对称点相距 1mm，将从原始数据提取出的对称点的位移分量 u 和 v 向局部化带的切线和法线方向上投影，得到变形局部化带的滑移分量和张开分量，规定沿局部化带顺时针的滑移为正，垂直于局部化带的张开为正，试样加载过程表面变形局部化带的位移演化如图 4.53 所示。

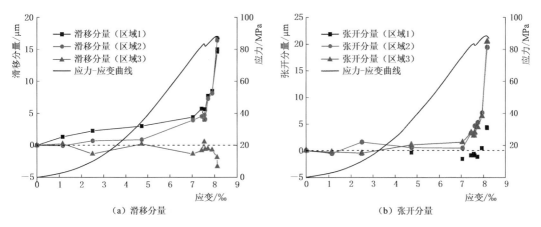

（a）滑移分量 　　　　　　　　　　（b）张开分量

图 4.53 　S-2 试样表面局部化带的位移演化

由图 4.53 可知，区域①～③的变形演化曲线相差较大。整体来看，相比于区域①的相对滑移分量，区域①的相对张开分量很小，约占前者量值的 25%，证明该区域以剪切为主；同样，相比于区域③的相对张开分量，区域③的相对滑移分量很小，约占 10%，且接近加载轴上的压头，以张开为主；区域②的相会滑移分量和相对张开分量相当，因此，区域②产生相近比例的剪切变形和张开变形。对比试件实拍图 4.52 (b) 和试样最终破坏变形场图 [图 4.50 (l)]，试样最终形成的宏观裂纹也正是试件原始结构面的位置，说明试件受结构控制而产生变形破坏；试件结构面的倾角在区域①和区域③处分别为近 70°和近 90°，区域②恰好在区域①和区域③的衔接位置，再次表明结构面的产状影响试样的破坏模式。

图 4.53 显示的结果表明，不管是张开分量还是滑移分量，硬性结构面处的位移不连续性或者位移跳跃发生在接近峰值的时刻（约 90% 峰值），这种位移的跳跃发生在极短时间内。因此，硬性结构面破坏的一大特点就是在破坏前的变形不明显，一旦应力达到一定强度，先前积聚的变形能在短时间内急剧释放，严重时有可能发生岩爆。

接着进一步研究变形局部化带演化的过程，比较峰前与峰后变形局部化带演化速率。峰前变形局部化带在标识点 9 时刻产生，演化到标识点 10 时刻共用了（24214－23530）/

6＝114(s)；峰后从标识点11时刻到标识点12时刻用了（24452－24280)/6＝28.7(s)，峰后变形局部化带内量值增加幅度相比峰前大，但是扩展更快，所用时间仅约为峰前的1/4。

为了更具体地表现试样变形局部化在加载不同阶段的演化，采用加载阶段不同标识点对应时刻的散斑图像作为参考帧，来分析加载过程的第一个应力降、应变硬化以及峰后阶段的变形场演化特征，即选择标识点4对应时刻的散斑图像为参考帧，通过对标识点5～标识点7的变形场观测来分析第一个应力降阶段的变形场演化特征；同理，应变硬化到峰值这一阶段的变形场演化特征通过以标识点7对应时刻的散斑图像为参考帧分析标识点8～标识点10的变形场而得到；峰后阶段则以标识点10对应时刻的散斑图像为参考帧观测标识点11～标识点12的整体变形演化特征。

首先，选择标识点4对应时刻的散斑图像为参考帧观测试样第一个应力降阶段的变形场演化特征。此阶段初始变形主要集中在图4.54（a）所示的区域1内，其他区域的变形场比较均匀；随着载荷的增加，图4.54（b）所示的区域1的变形量和变形范围有所增大，但未形成宏观破裂面；图4.54（c）对应时刻区域1的变形量和变形范围没有继续扩展。

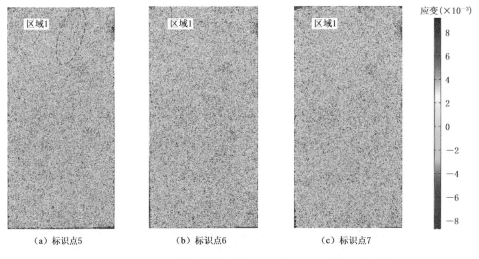

（a）标识点5　　　　　（b）标识点6　　　　　（c）标识点7

图4.54　S-2试样变形局部化第一个应力降阶段剪应变演化

其次，选择标识点7对应时刻的散斑图像为参考帧，观测标识点8～标识点10的变形场来分析塑性硬化到峰值这一阶段的变形场演化特征。图4.55（a）显示初始变形主要集中在与图4.54（a）所示相同的区域1内；随着载荷的增加，图4.55（b）和（c）显示区域1的变形量增大，变形范围有所扩大；试件在标识点9对应时刻又出现了一个独立于区域1的变形集中区域，如图4.55（b）中的区域2所示，表明微裂纹在不同处同时萌生并扩展；从图4.55（c）对应的变形场的分析结果可见，区域2的变形量和变形范围有所扩大，区域2的变形集中区域不断扩展，形成一个更大的变形集中带并贯通整个试样。

最后，峰后阶段的变形演化特征通过选择标识点10对应时刻的散斑图像为参考帧来观测。图4.56（a）为试样加载到应变软化对应的变形场，此时试样变形主要集中在图4.56（c）所示区域的局部；在图4.56（b）对应时刻，试样的变形集中再次贯穿整个试件，说明峰后的变形主要集中在峰前形成的贯穿整个试样的变形局部化带的部分区域，并

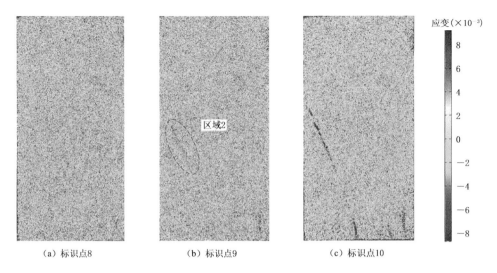

（a）标识点8　　　　　　（b）标识点9　　　　　　（c）标识点10

图 4.55　S-2 试样变形局部化峰前剪应变演化

且峰后变形局部化带内的量值相对增大，直至试样形成宏观裂纹，宏观裂纹进一步扩展至试样完全破坏。

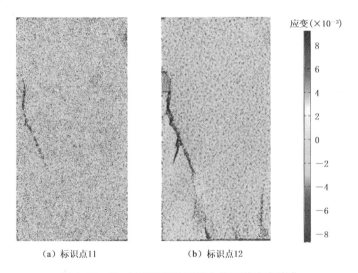

（a）标识点11　　　　　　　　（b）标识点12

图 4.56　S-2 试样变形局部化峰后剪应变演化

4.3.4.4　声发射特征

　　试验前利用带有黏性的耦合剂将 6 个相同频率（Nano30）的声发射探头布置在试样不进行 DIC 观测的其他 3 个侧面上，根据不同试样内结构面位置、厚度及尺寸，对声发射探头位置进行微调，并在试验前对探头进行断铅测试，使之能够准确记录试验过程中的破裂能量信息及发生位置。声发射信息处理结果如图 4.57 所示，红色柱形表示事件撞击率（对应这一时刻，声发射探头接收撞击的次数），蓝色线条为声发射累积能量。

　　由图 4.57 知，整体而言，试样应力-应变曲线不同段对应的声发射特征明显不同，且在不同结构面形态下，试验也会产生不同的声发射特征。

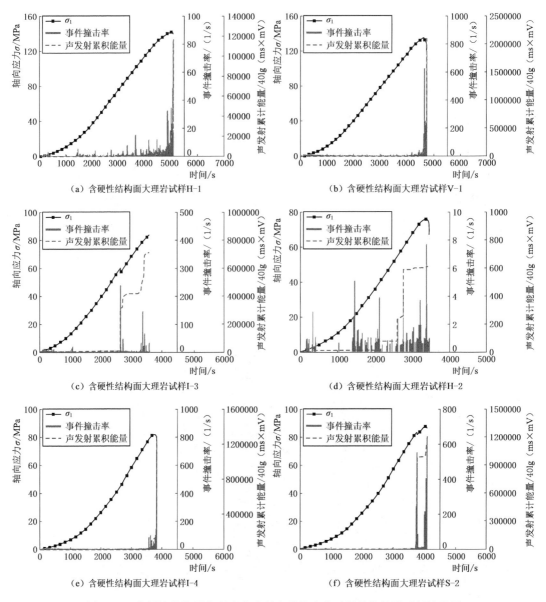

图 4.57 含硬性结构面大理岩声发射事件撞击率及累计能量随时间演化图

(1) 在初始压密段，由于天然结构面和试样原始缺陷的存在，试样在加载初期产生声发射信号，尤其以 H-2 试样压密段声发射事件更为显著，这是因为 H-2 试样内部存在一水平结构面带（表 4.18）。

(2) 在线弹性变形段，试样发生弹性变形，基本无微裂纹萌生，因此几乎没有产生声发射信号。然而 H-2 试样在弹性阶段一直产生声发射事件，这是由于随着加载力的增加，H-2 试样的结构面带被压缩的程度不断增强，且结构面带还发生一定程度错位，释放能量，进而产生声发射事件。这说明结构面的发育情况尤其是胶结的厚度对其变形破坏有很大影响。

（3）结构面试样的声发射信号主要积聚在应变硬化段，轴向力加载至峰值95%时突然产生大量声发射事件，此现象也可以作为破坏预警信号以判断结构面试样峰值的到来。

另外，结构面试样 I-3 和 S-2 在加载过程中出现了应力跌落现象，在图 4.57 中表征为声发射突跳，这是由于试样在此时刻局部形成变形局部化带，即试样发生局部微破坏，且此变形局部化带不是影响试样发生宏观破坏的变形局部化带。如图 4.50（l）里的区域③所示，区域③的张拉变形局部化带的形成使得曲线出现了一段微小的应力跌落；此时刻影响试样 S-2 最终破坏面的变形局部化带还未出现，如图 4.50（l）里的变形局部化带区域①和区域②，它们是在标识点 9 才出现；如图 4.50（i）所示，此时刻声发射事件开始快速增加。因此，声发射信号的演化规律同试样全局变形场的演化趋势相同，都可以反映试样加载破坏全过程的破裂信息。

由图 4.57 知，试样内不同结构面的相互组合形式也会影响声发射事件的产生规律，一种是当试样内结构面组近似平行但未相交时，试样破坏区沿结构面发展，在试样加载初期，声发射撞击较少，大量声发射事件出现在峰值 95%附近，试样破坏呈突发式，且伴随剧烈响声，为了防止试样碎片炸飞，应根据声发射撞击数的剧烈猛增及时停止加载，如图 4.57（f）所示；另一种是试样内结构面相互不平行，而是呈一定角度相交，其中有的结构面可能成为剪切滑移面，在加载过程中，试样在各个阶段均会伴随声发射产生，结构面将试样分割成几个部分，随着加载的进行，几个部分不断发生错动和分离，试样最终的破坏相比前一种更加缓和，不会炸裂。

第5章 结构面力学特性的理论研究

5.1 层间错动带长时蠕变模型

Singh - Mitchell 根据土的三轴蠕变结果，提出了描述偏应力水平为峰值强度20％～80％时的土体蠕变力学模型，该模型采用指数应力-应变关系和幂次应变-时间关系进行表达，其基本方程为

$$\varepsilon = \varepsilon_0 + \frac{At_1}{1-m} e^{\alpha D} \left(\frac{t}{t_1}\right)^{1-m} \tag{5.1}$$

式中　A——蠕变速率的大小；

　　　D——偏应力水平；

　　　α——$\ln\varepsilon - D$ 关系图中线性段斜率；

　　　m——$\lg\dot{\varepsilon} - \lg t$ 关系图中直线斜率的绝对值；

　　　t_1——单位参考时间。

假设 $\varepsilon_0 = 0$，则式（5.1）可简化为

$$\varepsilon = B e^{\beta D} \left(\frac{t}{t_1}\right)^{\lambda} \quad (\sigma_1 - \sigma_3 < \sigma_s) \tag{5.2}$$

式中，$B = \dfrac{At_1}{1-m}$，$\beta = \alpha$，$\lambda = 1-m$。当 $t = t_1$ 时，式（5.2）可变为

$$\varepsilon = B e^{\beta D} \tag{5.3}$$

$$\ln\varepsilon = \beta D + \ln B \tag{5.4}$$

分析以上表达式，可以看出，Singh - Mitchell 模型仅可以描述减速和稳定蠕变段的变形演化规律，而无法描述加速蠕变规律。为此，当荷载超过长期强度时，在 Singh - Mitchell 模型的基础上加入一个黏壶元件，可以实现对加速蠕变段土体变形规律进行描述，改进后的 Singh - Mitchell 模型基本方程可以表述为

$$\varepsilon = B e^{\beta D} \left(\frac{t}{t_1}\right)^{\lambda} + \frac{\sigma_1 - \sigma_3 - \sigma_s}{\eta_1} t^2 \tag{5.5}$$

式中　σ_s——长期强度；

　　　η_1——黏壶的非线性黏滞系数。

对不同含水率试样的三轴压缩蠕变结果采用改进 Singh - Mitchell 模型进行拟合，结果如图5.1所示。

可以看出，Singh - Mitchell 模型对减速和稳定蠕变段（荷载未达到长期强度）的拟

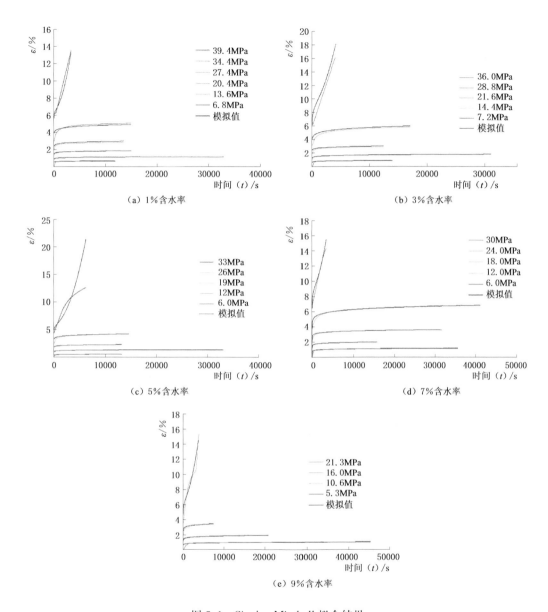

图 5.1 Singh‐Mitchell 拟合结果

合效果较为理想，但对于加速蠕变段略有偏差。分析认为，原因可能在于加速蠕变段大变形数据的采集方式以及黏壶元件对于错动带试样的适用性仍需要进一步分析和调整，改进 Singh‐Mitchell 模型仍可以满足工程错动带的长期变形预测。不同含水率条件下的 Singh‐Mitchell 模型参数见表 5.1。

表 5.1 不同含水率条件下 Singh‐Mitchell 模型参数

含水率	λ	β	η_1	B
1%	0.0402	2.8598	0.682	0.437403

含水率	λ	β	η_1	B
3%	0.0521	2.9670	0.360	0.511504
5%	0.0450	3.4403	0.825	0.203983
7%	0.0535	2.8907	0.865	0.581061
9%	0.0620	2.6342	0.798	0.459370

5.2 柱状节理岩体力学模型

5.2.1 岩体力学模型及相应参数确定

5.2.1.1 岩体力学模型的选择

玄武岩为硬脆岩石,脆性破坏行为显著。数值计算程序可将复杂的非线性力学问题转化为简单的弹-脆性力学问题,可以模拟岩石等脆性材料的破坏过程。本次计算中选取弹-脆性损伤本构模型描述其脆性破坏力学行为。在岩石发生损伤,即单元的应力或应变状态满足某个给定的损伤阈值时,表征单元开始损伤,损伤单元的弹性模量表达为

$$E = (1 - D)E_0 \tag{5.6}$$

式中 D——损伤变量;

  E、E_0——损伤单元和无损单元的弹性模量。

为避免零弹性模量时所造成的非连续,当 $D = 1.0$ 时,损伤单元的弹性模量被赋予一个很小的值,如 1.0×10^{-5} MPa,从而保证数值计算的连续性。

在单轴拉伸应力条件下,损伤变量 D 可以表示为

$$D = \begin{cases} 0 & \varepsilon > \varepsilon_{t0} \\ 1 - \dfrac{\lambda \varepsilon_{t0}}{\varepsilon} & \varepsilon_{tu} < \varepsilon \leqslant \varepsilon_{t0} \\ 1 & \varepsilon \leqslant \varepsilon_{tu} \end{cases} \tag{5.7}$$

式中 σ_3——最小主应力;

  ε——拉伸应变;

  λ——残余强度系数,通过 $f_{tr} = \lambda f_{t0}$ 进行计算,f_{tr} 为单元损伤后的残余强度;

  ε_{t0}——初始损伤阈值,也就是单轴抗拉强度 f_{t0} 对应的拉伸应变;

  ε_{tu}——极限拉伸应变,表明单元完全损伤,$\varepsilon_{tu} = \eta \varepsilon_{t0}$;$\eta$ 为极限应变系数,如图 5.2 (a) 所示。

在多向应力状态下,当等效主拉伸应变(equivalent principal tensile strain)达到其应变阈值 ε_{t0} 时,则认为单元在拉伸条件下损伤,等效主拉伸应变 $\bar{\varepsilon}$ 定义如下:

$$\bar{\varepsilon} = -\sqrt{\langle -\varepsilon_1 \rangle^2 + \langle -\varepsilon_2 \rangle^2 + \langle -\varepsilon_3 \rangle^2} \tag{5.8}$$

式中的 ε_1、ε_2 和 ε_3 为三个方向上的主应变,表达式 $< >$ 可以表示为 $\langle x \rangle = \begin{cases} x & x \geqslant 0 \\ 0 & x < 0 \end{cases}$。在

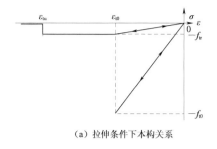
（a）拉伸条件下本构关系

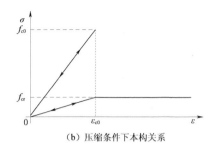
（b）压缩条件下本构关系

图 5.2　数值计算的弹–脆性本构模型

此基础上，多向应力条件下单元的本构方程可以表示为

$$D = \begin{cases} 0 & \overline{\varepsilon} > \varepsilon_{t0} \\ 1 - \dfrac{\lambda \varepsilon_{t0}}{\varepsilon} & \varepsilon_{tu} < \overline{\varepsilon} \leqslant \varepsilon_{t0} \\ 1 & \overline{\varepsilon} \leqslant \varepsilon_{tu} \end{cases} \tag{5.9}$$

当单元为单轴受压或者剪切状态时，损伤阈值的判据采用莫尔 - 库仑准则：

$$\sigma_1 - \frac{1 + \sin\phi}{1 - \sin\phi}\sigma_3 \geqslant f_{c0} \tag{5.10}$$

式中　σ_1——最大主应力；

　　　f_{c0}——单轴抗压强度；

　　　ϕ——单元的内摩擦角；

其余符号意义同上。

当发生压剪破坏时，对于图 5.2（b）给出的弹性损伤本构关系曲线，损伤变量 D 的表达式为

$$D = \begin{cases} 0 & \varepsilon < \varepsilon_{c0} \\ 1 - \dfrac{\lambda \varepsilon_{c0}}{\varepsilon} & \varepsilon \geqslant \varepsilon_{c0} \end{cases} \tag{5.11}$$

式中　ε_{c0}——极限压应变，且当单元处于单轴抗拉或者抗压状态时，认为 $f_{cr}/f_{c0} = f_{tr}/f_{t0} = \lambda$ 成立。

当单元在多向应力状态下满足莫尔-库仑准则时，在最大主应力峰值处可以量化最大压缩主应变 ε_{c0}：

$$\varepsilon_{c0} = \frac{1}{E_0}\left[f_{c0} + \frac{1 + \sin\phi}{1 - \sin\phi}\sigma_3 - \nu(\sigma_1 + \sigma_2) \right] \tag{5.12}$$

式中　ν——泊松比。

在这里，单元的剪切损伤演化假定与单元的最大主压缩应变 ε_1 有关。相应地，用损伤单元的最大主压缩应变 ε_1 代替损伤变量计算式中单轴抗压强度所对应的应变 ε。故三轴应力状态下的剪切破坏方程可以描述为

$$D = \begin{cases} 0 & \varepsilon_1 < \varepsilon_{c0} \\ 1 - \dfrac{\lambda \varepsilon_{c0}}{\varepsilon_1} & \varepsilon_1 \geqslant \varepsilon_{c0} \end{cases} \tag{5.13}$$

之后，通过损伤变量 D，可以计算出不同应力水平下单元的损伤弹性模量。

为了精细模拟岩石破裂破坏过程，考虑岩石本身的非均质性，引入了 Weibull 统计分布来描述，即

$$\phi(u) = \frac{m}{u_0} \left(\frac{u}{u_0} \right)^{m-1} \exp\left(-\frac{u}{u_0} \right)^m \tag{5.14}$$

式中：u——岩体单元力学性质的参数（如强度、弹性模量）；

$\quad u_0$——单元力学性质参数的平均值；

$\quad m$——岩体介质的均质度系数，反映岩体介质的均匀程度；

$\phi(u)$——岩体单元力学性质的统计分布函数。

5.2.1.2　玄武岩柱体力学参数选取

柱状节理岩体的模型结构主要包括玄武岩柱体、柱间节理面、柱内隐微裂隙等部分，

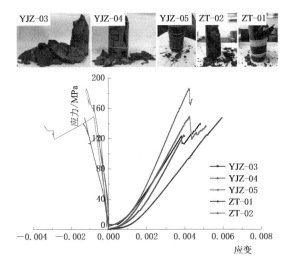

图 5.3　柱状节理玄武岩柱体应力-应变曲线及破坏模式

合理选取各部位的力学参数是获得准确数值模拟结果的前提。本节重点通过玄武岩柱体的试验选取柱体的力学参数，通过玄武岩柱体标准圆柱试样的单轴压缩试验，所得各试样的破坏现象及应力-应变曲线如图 5.3 所示。

图 5.3 中，五个玄武岩柱体岩芯在破坏模式上的脆性特征十分明显，并在试验过程中伴随碎块的高速崩出及强烈的声响。其中试样 YJZ-03、ZT-01 呈现出碎裂特征，试样 YJZ-04、YJZ-05 及 ZT-02 为劈裂破坏。在应力-应变曲线特征上，五个玄武岩柱体岩芯的应力-应变曲线都无峰后阶段，与玄武岩柱体岩芯的高脆性特征相对应。各试样试验

所得力学参数见表 5.2，其中峰值强度均值为 149.58MPa；弹性模量均值为 40.60GPa；泊松比均值为 0.21。

表 5.2　　　　　　　　　柱状节理玄武岩柱体主要力学参数

试样编号	峰值强度/MPa	弹性模量/GPa	泊松比
YJZ-03	140.0	38.3	0.23
YJZ-04	124.6	43.8	0.20
YJZ-05	149.4	44.0	0.14
ZT-01	147.6	29.1	0.22
ZT-02	186.3	47.8	0.28
均值	149.6	40.6	0.21

由于 YJZ-05 试样的试验结果与表中所示的各参数均值接近，为此，本节以该试样的应力-应变曲线及破坏模式作为力学参数的拟合标准，通过对比模拟与试验所得应力-应变曲线和破坏模式，采用试算法获得柱体的力学参数。数值模拟中，所建立的试样尺寸与试验中相同，划分单元为 $50 \times 100 = 5000$ 个。通过对数值计算参数的不断调整，得到由数值计算参数拟合的玄武岩柱体应力-应变曲线及破坏模式如图 5.4 所示。

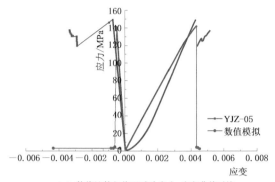

（a）数值计算与物理试验应力-应变曲线对比

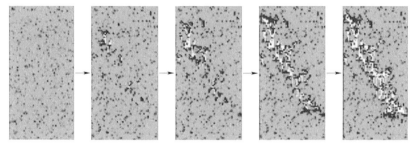

（b）数值计算模型破坏过程

图 5.4　玄武岩柱体数值计算参数拟合

可见，由数值模拟所得试样的峰值强度为 141.71MPa，弹性模量为 32.65GPa，泊松比为 0.13，同时数值模拟与试验所得试样的破坏模式也一致，最后获得的玄武岩柱体的力学参数见表 5.3。

表 5.3　　　　　　　　　数值计算各结构特征力学参数的选取

结构特征	均值度	弹性模量/GPa	单轴抗压强度/MPa	压拉比	内摩擦角/(°)	泊松比
玄武岩柱体	4	40	400	10	30	0.25
柱间节理面、隐微裂隙、缓倾角结构面	4	1.5	2	20	15	0.35

5.2.1.3　节理裂隙力学参数的选取

现场勘查分析结果可知，柱状节理岩体的缺陷结构（柱间节理、柱内隐微裂隙、缓倾节理）紧密咬合，均为壁面材料相同的无充填结构，因此，在本次模拟中采用同一种材料参数。在程序中将这一材料处理为性质相对较弱的单元，其力学参数无法直接通过力学试验获取，此处采用间接法进行选取。

首先按下式计算在特定法向力（5MPa）条件下柱间节理面的剪切强度：

$$\tau = \sigma_n \tan\left[JRC \lg\left(\frac{JCS}{\sigma_n}\right) + \varphi_b \right] \tag{5.15}$$

式中柱间节理面粗糙度系数 JRC 取为 5.56，结构面的抗压强度 JCS 取为 149.4MPa，法向应力 σ_n 为 5MPa，平坦结构面基本摩擦角 φ_b 为 36°，计算得到的结构面峰值剪切强度 τ 为 4.86MPa。

根据图 5.5 中柱间节理面典型断面的起伏程度，以其中的一条节理面形状为基础，建立含该节理面结构的剪切力学模型。该模型大小为 250mm×250mm，与柱间节理面的尺寸相对应，上下盘材料参数为表 5.3 所示玄武岩柱体的力学参数。模型力学边界条件为下盘固定，上盘法向荷载为 5MPa，施加剪切位移为 0.05mm/步。通过不断调整柱间节理面材料的力学参数，并计算其抗剪强度，直至数值计算所得到的抗剪强度与由公式计算所得数值相一致。图 5.6 为数值模拟所得剪切应力-剪切位移曲线及剪切位移场特征，可见，模拟所得该节理面的抗剪强度为 4.2MPa，与公式所得数值有较好的一致性，因此，最终选取的柱状节理岩体缺陷结构的力学参数见表 5.3。

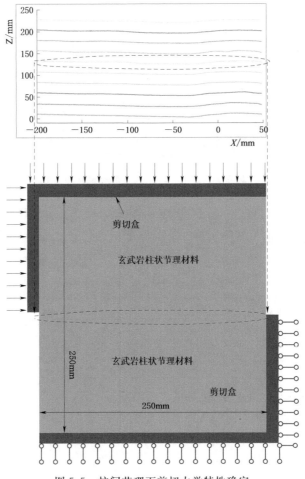

图 5.5 柱间节理面剪切力学特性确定

数值模型相关结构特征的力学参数确定后，根据数字图像的 I 值分析结果对各结构组成进行赋值，最终所建立的数值计算模型如图5.7（a）所示。在力学边界条件上，本数值计算模型的加载方式为单轴压缩，加载量值为0.005mm/步，如图5.7（b）所示。

5.2.2 柱状节理岩体破坏演化特征

在数值计算中，当单元在不同应力水平下的损伤变量 D 达到 1.0×10^{-5} MPa 时，则认为单元发生破坏，并将破坏单元用白色进行显示，即无损伤单元或弹性模量较高单元的颜色为蓝绿色；当单元发生损伤或弹性模量较低时，单元颜色退化为红色；当单元完全损伤

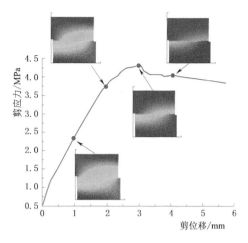

图 5.6　柱间节理面剪切力学模型的剪切应力-
剪切位移曲线及位移场特征

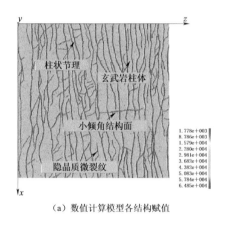

（a）数值计算模型各结构赋值

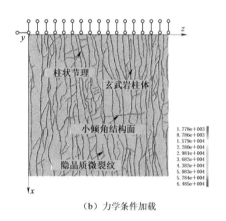

（b）力学条件加载

图 5.7　数值计算模型建立及边界条件

时，单元颜色退化为白色。同时，假定数值模型的声发射同模型的破坏单元数目成正比，当模型单元发生破坏时，即可定义一个声发射事件，并以颜色区分模型破坏模式的不同，即蓝色代表拉伸破坏，红色代表剪切破坏。

图 5.8 为含隐微裂隙及缓倾角结构面等缺陷的实际白鹤滩柱状节理岩体模型（A组）的加载方向与柱体延伸方向交角 α 在 $0°$ 条件下的破坏演化特征模拟结果。可见，当柱状节理与加载方向近平行，随着荷载增加，柱状节理岩体的部分柱间节理面及部分陡倾角隐微裂隙首先发生张开破坏。随着荷载继续增加，岩体承载结构转变为主要依赖各个柱体承载，此时，柱体内的应力增大，高倾角隐微裂隙的裂尖应力升高，裂隙扩展并迅速扩展至柱体边缘，与柱间节理面相交，从而造成柱体破坏。低倾角隐微裂隙较难发生启裂扩展。另外，由于模型内缓倾角结构面的存在，部分柱间节理面在遇到该结构后发生止裂，并沿着缓倾角结构面延伸扩展，最后穿过柱体结构，与其他节理面相交扩展。

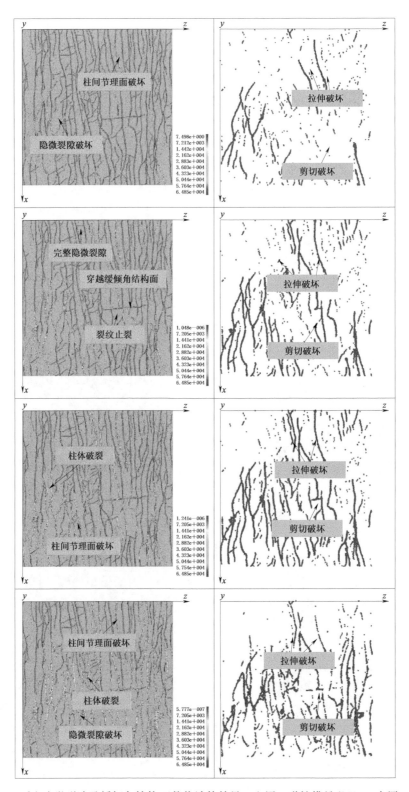

图 5.8　α＝0°含隐微裂隙及缓倾角结构面数值计算结果（左图：弹性模量/MPa，右图：声发射）

当加载方向与柱体延伸方向的交角 α 为 30°时（图 5.9），岩体首先以柱间节理面的张开破坏为主，并伴随着荷载的增加柱间节理面裂纹不断扩展。与 α 为 0°的岩体结构破坏模式有所不同，当柱间节理面的破坏扩展至缓倾角结构面时，其扩展并未受其影响，而是直接穿越而过。在该组模型中，由于柱体内部隐微裂隙倾向的集中分布特性，使得隐微裂隙与轴向荷载之间的角度较大，较少出现柱体内隐微裂隙的启裂扩展。同时，由于岩体破坏以柱间节理面为主，岩体的柱体结构较为完整。

当加载方向与柱体延伸方向的交角 α 为 50°时（图 5.10），由于岩体内缓倾角结构面与荷载方向夹角较小，岩体的缓倾角结构面首先进行张拉扩展。伴随着荷载的逐渐增加，柱体内部高倾角隐微裂隙发生破坏，切断柱体，沿加载方向扩展、连通，并与缓倾角结构面的扩展相交，形成岩体结构的整体破坏。在此交角条件下，柱体结构张拉破坏显著，缓倾角结构面携同高角度隐微裂隙的破坏在岩体失稳过程中起到控制作用。同时，由于柱间节理面的倾角较低，使得柱间节理面的破坏由张拉型转变为张拉和剪切复合型破坏模式。

当加载方向与柱体延伸方向的交角 α 为 90°时（图 5.11），玄武岩柱体中隐微裂隙的集中倾向及缓倾角结构面的角度最大。在轴向应力的作用下，隐微裂隙及缓倾角结构面首先发生破坏，柱体发生切穿，逐渐使玄武岩柱体解体，且各破坏的隐微裂隙之间可以相互沟通，最终呈现出拉伸破坏的主要模式，使得岩体结构失稳。这时，由于柱间节理面的角度最低，因此其损伤及破坏以剪切模式为主；而且，虽然柱间节理面结构为岩体中的薄弱部分，但此时其抗剪强度仍然高于玄武岩柱体的抗拉强度，因此在一定上阻断了柱状节理岩体中裂纹的扩展。

5.2.3 隐微裂隙对柱状节理岩体破坏特征的影响

图 5.12 为不含隐微裂隙及缓倾角结构面的柱状节理岩体模型（B 组）数值模拟结果，左侧为以单元弹性模量表达的破坏模式图，右侧为声发射模拟图。可见，当柱体倾角较高时（α=0°、10°），在加载过程中，柱间节理面首先张开，由岩体整体承载转变为柱体承载；随着荷载增大，柱体逐渐出现破坏。对比图 5.8 可见，二者柱体破坏形式明显不同，不含隐微裂隙时，主要由于柱体形状不规则，部分承载力差的柱体提前发生破坏，部分在长度方向存在尖灭的柱体在加载中发生楔入效应，导致临近柱体破坏，换句话说，这种情况下主要是柱体自身的结构失稳破坏，而非隐微裂隙在荷载作用下扩展导致的，因此，A 组岩体强度要低于 B 组。

当加载方向与柱体延伸方向的交角 α 值为 20°、30°及 40°时，不含隐微裂隙岩体的破坏以柱间节理面的张拉破坏为主。对比图 5.9 可见，A 组和 B 组的情况，贯通破坏的主节理面近乎相同，交角为 40°时，虽然破坏的节理面形成明显的右上-左下倾斜条带，但其柱体并未破坏，主导性破坏仍沿主节理面，只不过此时破坏主节理面由两条柱间节理搭接而成。从破坏程度来看，前者破坏更为严重，更多的柱间节理发生破坏，且受裂隙影响，部分柱体也发生了破坏。沿主节理面破坏的特征决定了两种情况下岩体强度不会出现大的差别。

随着加载方向与柱体延伸方向交角的增大，即当 α 值为 50°和 60°时，A 组与 B 组的破坏形式基本相同，均为发生右上-左下条带内的柱间节理面先破坏，随后柱体发生破坏，

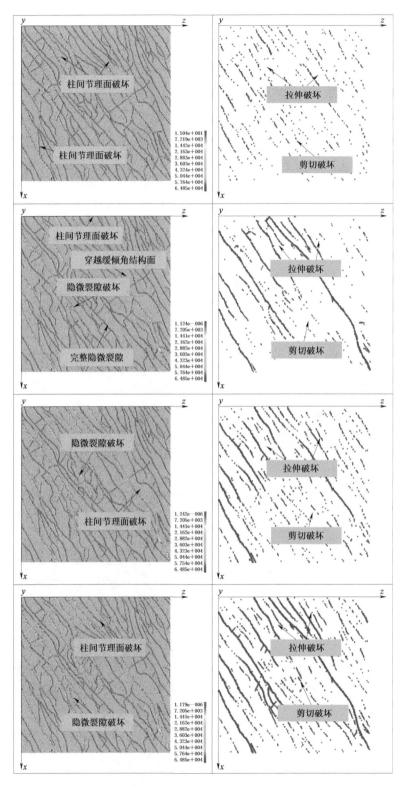

图 5.9　$\alpha=30°$含隐微裂隙及缓倾角结构面数值计算结果（左图：弹性模量/MPa，右图：声发射）

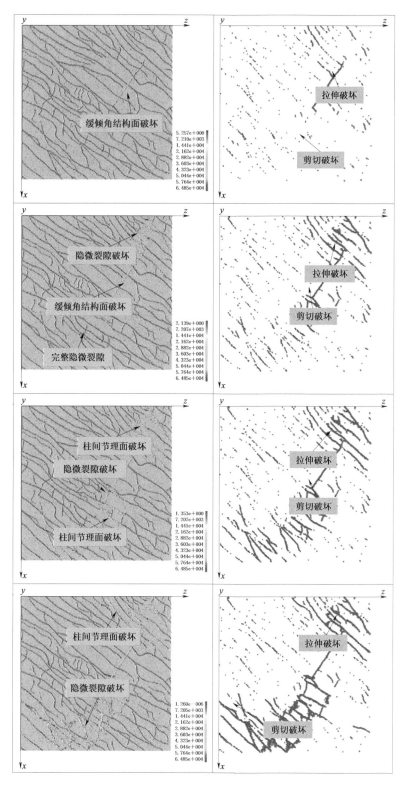

图 5.10　$\alpha = 50°$含隐微裂隙及缓倾角结构面数值计算结果（左图：弹性模量/MPa，右图：声发射）

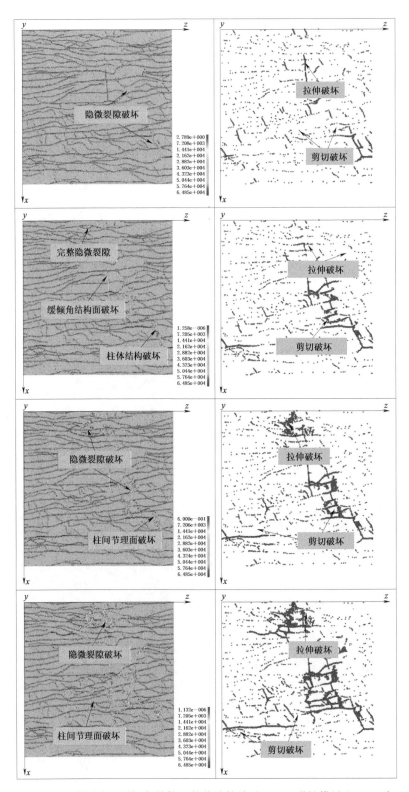

图 5.11　$\alpha = 90°$ 含隐微裂隙及缓倾角结构面数值计算结果（左：弹性模量/MPa，右：声发射）

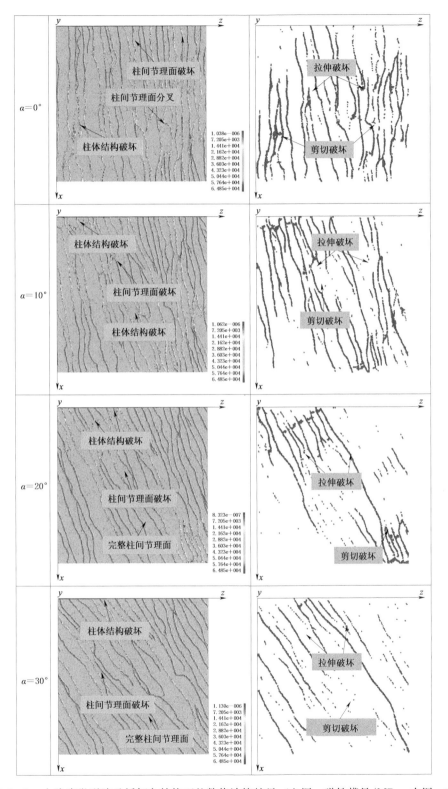

图 5.12（一）　去除隐微裂隙及缓倾角结构面的数值计算结果（左图：弹性模量/MPa，右图：声发射）

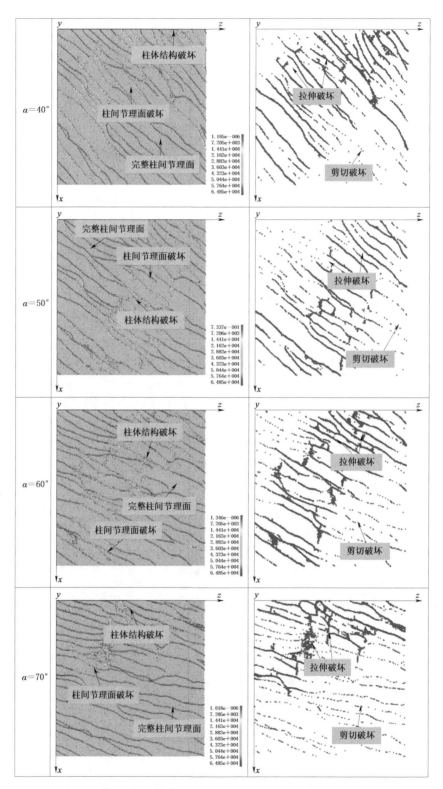

图 5.12（二） 去除隐微裂隙及缓倾角结构面的数值计算结果（左图：弹性模量/MPa，右图：声发射）

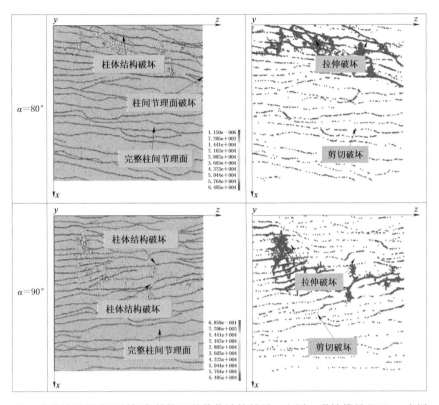

图 5.12（三） 去除隐微裂隙及缓倾角结构面的数值计算结果（左图：弹性模量/MPa，右图：声发射）

进而整体贯穿发生破坏。所不同的是，前者中隐微裂隙和缓倾角结构面加速了柱体的破坏和整体贯通破坏，从而其强度相比后者明显降低。当加载方向与柱体延伸方向交角 α 增大至 $70°$、$80°$ 及 $90°$ 时，对比图 5.11 可见，A 组和 B 组的破坏形式与机理基本相同，均为柱体断裂破坏。

综上可见，柱体内优势方向隐微裂隙和贯穿性结构面对柱状节理岩体破坏形式有重要影响，例如，在 α 较小时，陡倾的隐微裂隙将有利于扩展并与柱间节理贯通，导致柱体提早破坏，其他情况类似，在 α 较大时，存在隐微裂隙和结构面的情况下，柱体破坏更易于追踪隐微裂隙，形成整体贯通性破坏，而单纯柱体的破坏则需要在直径小、承载力低的地方先破坏，然后才能逐渐发展成整体破坏。

5.3 硬性结构面岩体脆性模型

5.3.1 基本理论

随着岩体受力的增加，不可逆变形将会发生，即产生损伤，损伤增加到一定程度时岩体将发生失稳破坏。连续损伤模型是一种描述损伤累积演化的有效手段，主要涉及材料刚度的弱化和各向异性的增强，实际上就是描述岩体内部微裂纹的启裂、扩展至贯通的全过程。内变量是连续损伤模型中至关重要的一个参数，可以使用应力、应变等因子来表征。本书将从全局角度入手，引入宏观损伤因子表征岩体整体平均损伤程度，即使用标量因子来分析岩体损伤演化过程。

在单轴压缩试验条件下，微裂纹的萌生和扩展是优先沿着最大主应力方向的，即轴向应力方向，而结构面岩石试样的损伤与微裂纹的发育密切相关，因此，本书采用 Vardoulakis 和 Papamichos[178]建议的损伤模型来描述结构面试样的力学行为，并在此基础上，考虑结构面破坏机制，提出一套硬性结构面岩体破坏失稳的评价指标。

Vardoulakis 和 Papamichos 提出的单轴连续损伤模型可以写成：

$$\sigma = f(\varepsilon, \Theta) \tag{5.16}$$

式中 σ、ε——轴向应力和轴向应变；

Θ——内变量，其取值范围为 $0 \sim 1$，当 Θ 为 1 时，意味着试样还没有发生损伤。

如果定义损伤变量为 D，则存在以下关系式：

$$\Theta = 1 - D \tag{5.17}$$

其中，D 的取值范围依然是 $0 \sim 1$。

结构面岩石试样的变形是由弹性变形和不可逆变形组成的，弹性变形是可恢复的，而不可逆变形只能是递增的，因此，结构面试样的轴向应力 σ 也可以等价划分为两个部分：一部分用于产生弹性变形，而另一部分用于产生不可逆变形，并且两部分为同时发生作用，如果用数学表达式表示的话，则可表示为以下形式：

$$<\sigma> = <\sigma^{(1)}> + <\sigma^{(2)}> \tag{5.18}$$

其中，$<\ >$ 运算符表示所算部分参数的平均值。另外，此两个部分的平均应力可以进一步表示成以下形式：

$$<\sigma^{(1)}> = A\varepsilon \tag{5.19}$$

$$<\sigma^{(2)}> = <\Theta> B\varepsilon^3 \tag{5.20}$$

$$<\Theta> = 1 - m\varepsilon^{1.5} \tag{5.21}$$

式中 A、B、m——拟合参数。

根据式（5.16）～式（5.21），则可计算每个试样的损伤演化过程。然而，根据启裂应力的定义，即试样应力-应变曲线偏离线性段，也可理解为不可逆变形刚好出现的时候，声发射刚开始出现跳点，因此，在轴向力小于启裂应力时，式（5.21）中的 $<\Theta>$ 为零。

图 5.13 分别给出了典型试样应力应变曲线的拟合结果，拟合系数均达到了 0.99，说明拟合效果很好。这说明针对硬性结构面试样，式（5.16）～式（5.21）的计算方式是合理的。另外，结构面试样单轴压缩试验轴向应力-轴向应变曲线主要可分为三段：初始压密段、弹性变形段和应变硬化段。分析三段的拟合结果：

在初始压密段，由于结构面的存在，使得结构面试样在初始受力阶段结构面区域首先发生很大程度的压密，而试样闭合应力小于启裂应力，使得此阶段在启裂应力以下，因此，利用式（5.20）计算此阶段的不可逆应变为零，本书修正压密段不可逆应变的计算方法，首先，利用式（5.19）拟合启裂应力之前段的弹性应变，然后计算启裂应力时刻的不可逆应变，此应变主要是结构面压密和试样原始缺陷造成的，以此应变作为启裂应力之后段不可逆应变的初始值，具体计算公式如下：

$$\varepsilon_{ci}^i = \varepsilon - A\varepsilon \,|\, \sigma = \sigma_{ci} \tag{5.22}$$

后续计算过程同式（5.17）～式（5.21）。

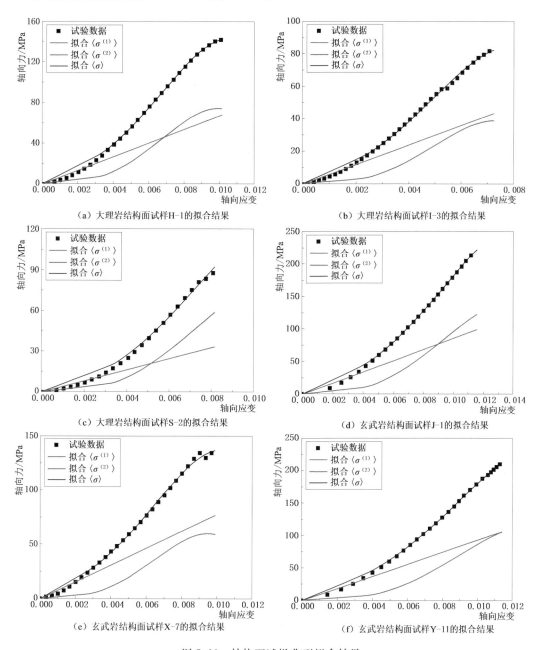

（a）大理岩结构面试样H-1的拟合结果

（b）大理岩结构面试样I-3的拟合结果

（c）大理岩结构面试样S-2的拟合结果

（d）玄武岩结构面试样J-1的拟合结果

（e）玄武岩结构面试样X-7的拟合结果

（f）玄武岩结构面试样Y-11的拟合结果

图 5.13　结构面试样典型拟合结果

　　在弹性变形段，上述公式的拟合系数已接近 0.99，拟合曲线基本完全穿过试验测试点，启裂应力是此阶段的关键应力，在此使用 $0.2\sigma_c$ 作为岩石启裂应力，计算损伤模型的单轴试验应力应变，本书经过比对声发射数据和应力-应变曲线形态，发现大理岩和玄武岩结构面的起裂应力为 $0.2\sigma_c$，此值稍微小于硬岩启裂应力范围，此现象可能是结构面岩石试样微裂纹启裂更加容易造成的。

在应变硬化段，上述公式可以拟合出塑性非线性上升段，且式（5.20）计算得到的不可逆应变整体趋势与试验数据良好吻合；在很小部分的峰后段，上述公式还能拟合应力-应变曲线下降段，因此，修正后的计算公式可以很好地拟合结构面试样试验值，且公式中的拟合系数也只有三个，可以得到很好的实现。

5.3.2 损伤模型中参数的物理意义

所有结构面试样损伤模型中拟合参数的结果汇总于表5.4，拟合参数 A 控制着弹性变形的速率，也就是第一部分力［式（5.19）］作用于试样产生弹性变形的快慢，整体而言，玄武岩相对于大理岩拥有更高的强度和弹性模量，因而也就拥有了相对较大的拟合参数 A，玄武岩拟合参数 A 的取值范围为（9.09，15.85），大理岩拟合参数 A 的取值范围为（4.81，8.00）；拟合参数 B 控制着试样损伤变形的速率，也就是第二部分力［式（5.20）］作用于试样产生不可逆变形的能力，整体而言，大理岩和玄武岩都属于深部硬脆岩体，两者产生不可逆变形的快慢相当，这可以从两者拟合参数 B 值较为接近可以看出；拟合参数 m 则控制着曲线的形状以及峰值大小，并且峰值越大拟合参数 m 越小，即两者之间是负相关的。另外，混合破坏对应的拟合参数 B 和 m 最大，剪切破坏独赢的拟合参数 B 和 m 最小，劈裂破坏对应的拟合参数 B 和 m 则位于两者之间，说明了拟合参数 B 和 m 与破坏模式之间可能存在联系。

表5.4 损伤模型的拟合参数

岩性	试样编号	A/GPa	B/10^3GPa	m	强度/MPa	破坏模式
大理岩	H-1	8.00	183.51	653.62	142.38	劈裂破坏
	V-1	7.96	194.12	668.01	135.69	劈裂破坏
	I-3	6.95	235.29	1020.28	84.07	混合破坏
	H-2	5.99	247.98	901.67	76.19	混合破坏
	I-4	4.81	162.43	438.92	81.92	剪切破坏
	S-2	4.92	162.01	538.77	88.25	剪切破坏
玄武岩	J-1	10.27	118.35	333.47	216.71	劈裂破坏
	J-2	11.62	160.36	502.86	193.42	劈裂破坏
	Y-4	15.85	196.93	547.32	266.96	劈裂破坏
	X-7	9.09	158.73	691.25	135.66	混合破坏
	J-5	11.61	596.22	1356.76	114.43	混合破坏
	Y-11	10.77	115.04	378.21	212.44	剪切破坏
	Y-12	12.48	155.98	532.62	203.59	剪切破坏

拟合参数 A 表征试样线弹性变形的能力，拟合参数 A 越大，试样在相同应力条件下产生越多的弹性变形，其物理意义明确。为了更好地理解拟合参数 B 和 m 的物理意义，采用控制变量法，即每次只改变一个变量的值而保持其他变量相同，拟合参数 B 和 m 的拟合效果如图5.14所示。当维持拟合参数 m 不变而增加拟合参数 B 的值时，拟合的曲线

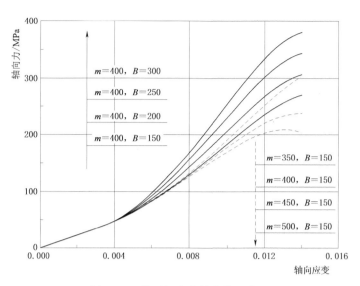

图 5.14   模型拟合参数的物理意义

不断攀升，塑性段占弹性段的比例越来越大，因此，拟合参数 B 表征试样不可逆变形的能力，且两者是正相关；当保持拟合参数 B 不变而改变拟合参数 m 时，曲线主要在峰值段附近体现出差异，随着拟合参数 m 的增加，在同一峰值应变的前提下，拟合出的峰值不断减小，其至拟合曲线提前进入峰后应变软化段，因此，拟合参数 m 主要影响峰值的大小，两者呈负相关的关系。

5.3.3   结构面损伤模型的应用

结构面试样的强度和破坏模式是研究结构面效应的关键环节，并且结构面试样的强度和破坏模式是密不可分的，从结构面试样的破坏模式大致可以预估结构面的强度范围。同样的，从结构面试样的强度也可预测结构面试样的最终破坏模式，而这一现象正是由于结构面的产状和在试样中分布位置决定的，因此，统计现场结构面的产状和分布特征对评估工程围岩稳定性至关重要。另外，实验室尺度的不同倾角、不同组合形式下结构面试样的强度折减规律可以为现场尺度岩体强度的评估提供良好的参考。其中，Hoek-Brown 强度准则就是一个很好的例证，其通过引入岩体质量评估指标 GSI 作为强度折减因子，基于现场原位测试和室内试验测试强度数据，建立岩体强度评估准则，得到了较好的应用。因此，全面系统地研究结构面试样尺度的强度与结构面产状的关系是量化现场岩体强度的基础。

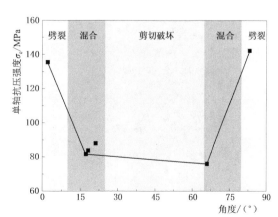

图 5.15   大理岩结构面试样结构面与轴向力
的夹角与强度之间的关系

图 5.15 给出了大理岩结构面试样结构面与轴向力的夹角与强度之间的关系，发现结构面试样的强度呈 U 形分布，这一特征与试样相应的破坏模式是密切相关的，试样的破坏模式划分区呈对称分布。在做好减摩措施的情况下，例如，在试样端部涂抹凡士林、硬脂酸等，完整试样单轴压缩破坏主要为劈裂；当结构面与加载方向呈小角度相交时，结构面试样破坏模式依然是以劈裂为主，因此强度相对较高；当结构面与加载方向垂直时，结构面在加载过程中主要被压密，不会发生剪切滑移，结构面试样同样是劈裂破坏，此时试样强度大致等同于结构面与加载方向呈小角度相交的情形，此种结果对硬性结构面是成立的。然而，如果结构面自身充填强度低或风化严重，结构面与加载方向呈小角度相交的试样虽然也会发生劈裂破坏，但强度会降低很多；当结构面与加载方向呈大角度相交的时候，结构面试样最终的破坏模式将不再是纯劈裂破坏，而是夹杂着甚至是完全沿结构面倾向方向的剪切滑移，此时结构面试样虽然失稳破坏，但是试样完整岩石区域还有承载能力，只是结构的失稳使得试验不能继续进行，因此结构面试样强度降低。

由于本节使用的结构面损伤模型里的拟合参数 m 与结构面试样强度存在负相关的关系，为了进一步量化此关系，图 5.16 给出了损伤模型拟合参数 m 与结构面试样单轴抗压强度的关系曲线，发现可以使用简单的线性方程拟合，玄武岩结构面试样的拟合效果相比大理岩结构面试样的拟合效果更好一些，这可能是由于玄武岩结构面试样的单轴抗压强度离散性较小的缘故，因此，基于模型参数 m，大理岩和玄武岩结构面试样的单轴抗压强度分别可以使用以下公式得到计算：

$$\sigma_c = 120.22 - 0.027m \tag{5.23}$$

$$\sigma_c = 261.13 - 0.11m \tag{5.24}$$

在获得结构面试样的单轴抗压强度之后，就可以根据图 5.15 的信息，找到对应的破坏模式和结构面倾角范围。

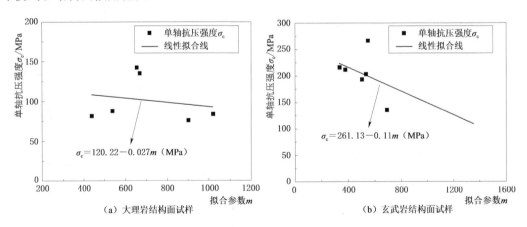

图 5.16 模型拟合参数 m 与单轴抗压强度之间关系曲线

第6章 结构面的工程效应及其控制研究

6.1 层间错动带结构劣化效应及其控制

6.1.1 层间错动带结构性状劣化过程

6.1.1.1 层间错动带空间发育特征

白鹤滩水电站工程区域自第二岩流层到第十一岩流层共发育 11 条层间错动带，左岸和右岸层间错动带分布分别如图 6.1 和图 6.2 所示。地下洞室工程主要揭露发育层间错动带 C_2、C_{3-1}、$C_3 \sim C_5$（表 6.1），其中 C_{3-1} 发育于第三岩流层中的 $P_2\beta_3^4$ 顶部厚 $10 \sim 70\text{cm}$ 的凝灰岩（或凝灰质角砾岩）内，层间错动带产状基本上与岩流层一致，总体上平直，小尺度上略有起伏，厚度为 $5 \sim 60\text{cm}$。表 6.1 汇总了白鹤滩水电站地下洞室群区域发育的 6 条层间错动带的基本特征。

图 6.1 白鹤滩水电站左岸层间错动带分布图

图 6.2 白鹤滩水电站右岸层间错动带分布图

表 6.1 白鹤滩水电站地下工程区域发育的层间错动带基本特征一览表

编号	产 状	厚度/cm	特 征
C_2	N40°~50°E，SE∠15°~20°	8~60	凝灰岩的厚度为 0.3~1.75m，错动带位于凝灰岩中部，厚度为 8~60cm（平均 26cm），变化较大。两侧为劈理化构造岩，中部为厚 2~5cm 的断层泥
C_{3-1}	N40°~50°E，SE∠15°~20°	10~40	位于第三岩流层上部，C_3 下面，并与 C_3 相交于勘 I_1 线附近。凝灰岩厚度为 0.1~0.3m，不稳定，破碎带厚度变化大，局部达 70cm，主要由角砾化构造岩组成，部分地段有厚 1~5cm 的断层泥，多分布于破碎带的上界面

编号	产　状	厚度/cm	特　　征
C_3	N40°~55°E，SE∠15°~20°	5~30	凝灰岩厚度为 0.3~1.3m，错动带位于凝灰岩的中上部，主要由角砾化构造岩及碎裂岩组成，错动带中部为厚 1~5cm 的断层泥。右岸勘Ⅸ线上游无错动迹象
C_4	N44°~67°E，SE∠17°~24°	20~30	凝灰岩厚度较稳定，厚 0.3~0.5m，错动带位于中上部，主要由碎裂岩、断层泥组成，断层泥分布于错动带中上部，厚度为 1~3cm
C_5	N49°E，SE∠16°	10~30	凝灰岩厚度为 0.2~0.5m，错动带位于顶部，主要为劈理化构造岩

6.1.1.2　长大错动带结构性状与劣化特征

1. 长大错动带结构性状特征

从白鹤滩水电站地下洞室群开挖揭露的层间错动带性状和充填物特征看，层间错动带

玄武岩

凝灰岩

玄武岩

图 6.3　白鹤滩水电站层间错动带结构性状特征

C_2、C_4、C_5 相对最差，C_3、C_{3-1} 性状较差。层间错动带发育的 $P_2\beta_2^4$ 凝灰岩厚度一般为 30~80cm，局部可达180cm，错动带主要在凝灰岩中部发育，厚度一般为 10~60cm，平均为 20cm，白鹤滩水电站层间错动带结构性状特征如图 6.3 所示。错动带物质组成为泥夹岩屑型，遇水易软化，性状差，强度低。

层间错动带 C_2 主要沿凝灰岩的中下部发育，在凝灰岩厚度较小的部位也发育于上部。C_2 的厚度一般为 10~40cm，局部为 5cm，平均厚度为 30cm，上、下盘影响带厚度均为 30~50cm，错动带及凝灰岩的厚度为 150cm。从地下洞室开挖揭露特征看，图 6.4 为左岸厂房层间错动带 C_2 开挖揭露性状特征，层间错动带 C_2 带内以岩屑及角砾为主，角砾成分为凝灰岩，局部为节理化构造岩及劈理化碎裂岩。断层泥呈条带状分布在错动带中，地下水活跃的部位泥质含量较高。错动带内泥质物多沿错动带顶面、底面分布，局部分布于错动带的中部，厚度为 3~10cm，呈紫红色可塑状，断续延伸；错动带中部以凝灰岩角砾为主，砾径多为 1~2cm，夹泥质。

2. 长大错动带劣化特征

工程现场揭示了围岩在已完成喷锚支护后发生沿层间错动带破坏的特征，从现场破坏部位可见层间错动带存在随时间劣化的特征，由图 6.5 可见，左岸厂房层间错动带在喷锚支护后沿 C_2 开裂破坏的特征；钻孔摄像捕捉到多级分层开挖长大错动带结构性状劣化进程，钻孔电视测试成果揭示了层间错动带影响区随厂房开挖过程劣化过程的特征（图 6.6 和图 6.7），错动带上下盘岩体影响区出现了明显的结构应力型塌方破坏现象，其后，随着该区域附近各开挖掌子面的先后推进，关注区域内错动带岩体继续发生不同程度的坍塌；第一层开挖支护完成之后，后续Ⅱ层、Ⅲ层的开挖关注区域内错动带塌方呈现随施工发展而发展的特征，后续Ⅳ~Ⅵ层开挖过程在该洞段错动带岩体整个塌方破坏过程中，其

图 6.4 白鹤滩水电站左岸厂房层间错动带 C_2 开挖揭露性状特征

错动带附近岩体在开挖卸荷作用下逐步劣化，变形和应力基本呈递增趋势，错动带附近出现明显的原生裂隙和新生裂隙的张开扩展以及掉块塌孔现象，这很好地揭示了层间错动带影响区域附近围岩裂隙的发展演化过程以及错动带附近岩体破坏演化规律。

图 6.5 左岸厂房层间错动带喷锚支护后沿 C_2 开裂破坏特征

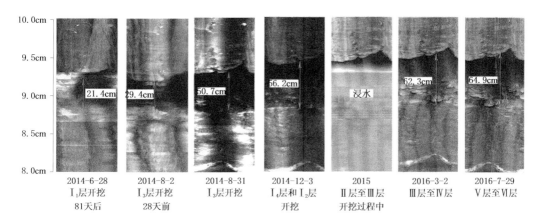

图 6.6 钻孔电视测试成果揭示的层间错动带影响区随厂房开挖过程劣化过程特征

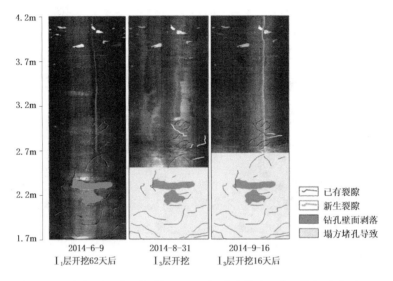

2014-6-9	2014-8-31	2014-9-16
I₁层开挖62天后	I₃层开挖	I₃层开挖16天后

已有裂隙
新生裂隙
钻孔壁面剥落
塌方堵孔导致

图 6.7　钻孔电视测试成果揭示的层间错动带随厂房开挖的劣化过程

层间错动带发育节理化构造岩及劈理化碎裂岩，断层泥呈条带状分布在错动带中，在地下水活跃的部位，泥质含量较高，且会发生遇水劣化特征，从白鹤滩水电站地下洞室开挖揭露的层间错动带工程现场情况来看，往往会出现施工用水或者渗水侵入层间错动带的状况，层间错动带强度遇水劣化特性变化特性如图 6.8 所示。就白鹤滩水电站地下厂房工程而言，由于层间错动带贯穿左右岸整个地下洞室群，加上层间错动带本身物理力学特性的影响，在层间错动带影响区域，层间错动带上

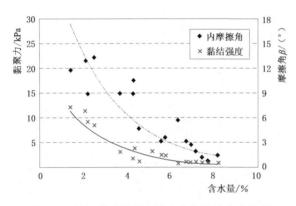

图 6.8　层间错动带强度遇水劣化特性变化特征

下盘岩体的错动导致岩体松弛深度和大变形区域增加，进而可能影响到厂房边墙的整体稳定性。

6.1.2　层间错动带劣化效应分析

6.1.2.1　地下洞室群建模

本节研究暂时仅考虑主副厂房、主变洞、母线洞及尾水洞的洞群稳定性问题，其中主副厂房开挖尺寸：长 438m，高 88.7m，宽 31～34m；主变洞开挖尺寸：长 368m，宽 21m，高 41.1m。地下厂房洞室群围岩内无大规模断层发育，缓倾角层间错动带构造是影响巨型洞室群稳定性最关键的地质构造。鉴于巨型地下洞室群计算模型较为复杂，建立三维网格模型时，对开挖体、靠近开挖体附近的围岩进行网格细分，为比较准确地应用条件随机场方法，还需要对层间错动带 C₂ 贯穿区域的围岩进行网格均匀划分，

尽可能将 C_2 内的网格划分的小一些。最终建立的白鹤滩水电站地下洞室群三维计算模型如图 6.9 所示。

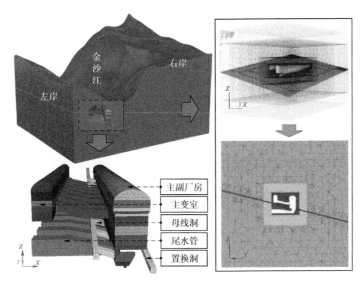

图 6.9 白鹤滩水电站洞室群网格模型

白鹤滩水电站厂区围岩主要为 Ⅱ 类、Ⅲ 类围岩，采用基于莫尔-库仑强度准则的理想弹塑性模型，层间错动带采用库仑滑动模型，混凝土深部置换洞和纵向置换洞也采用莫尔-库仑理想弹塑性模型。厂区内的结构面除层间错动带外，其余断层、裂隙等结构面都进行等效化处理，具体参数取值见表 6.2。

表 6.2 围岩力学参数取值

围岩	E /GPa	υ	φ /(°)	c /MPa	σ_t /MPa	JK_n /(GPa/m)	JK_s /(GPa/m)	J_{coh} /MPa	J_{ten} /MPa
Ⅱ类围岩	20.36	0.25	53.1	6	1				
Ⅲ类围岩	15	0.26	51.1	3.0	0.5				
层间错动带		0.35				0.2	0.07	0.04	0
回填混凝土	40	0.20	55.0	5	5				

6.1.2.2 层间错动带应力场分布特征

置换洞的受力机理是在开挖过程中将层间错动带上盘岩体沿 C_2 形成的剪切荷载通过置换洞传递至下盘岩体中。图 6.10 给出了左岸地下主副厂房附近层间错动带 C_2 内深部置换洞和纵向置换洞的平面布置图，置换洞距离厂房边墙约 13m，开挖断面为 $6m \times 6m$，先进行一期混凝土衬砌，然后进行固结灌浆，最后进行中间混凝土回填。通过分析 C_2 内的应力场和位移场分布特征可以判断置换洞的加强支护效果，为后续决策提供一定的理论基础。

图 6.11 为洞室开挖完成后层间错动带 C_2 内的剪切应力场分布特征，图中应力单位为 MPa，剪应力最大值大于 20MPa，主要分布于深部置换洞内（图中红色部分），1～3 号机

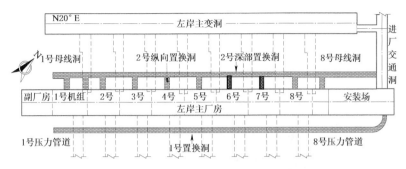

图 6.10　层间错动带 C_2 内置换洞平面布置图

组上游侧附近以应力松弛为主，此处围岩的变形也比较明显，置换洞内有明显的裂纹发育。厂房区域的法向应力均值为 18～20MPa，应力集中区和应力松弛区也分别出现在深部置换洞内和 1～3 号机组上游侧附近。计算结果表明，置换洞承受了由开挖引起的剪切荷载，导致局部洞段产生应力集中。

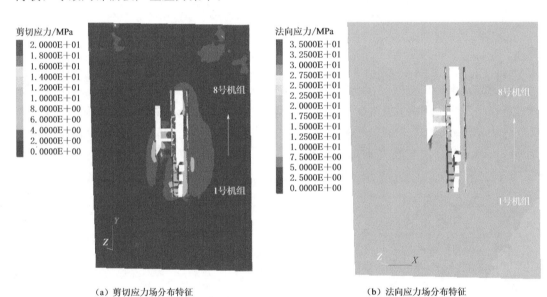

（a）剪切应力场分布特征　　　　　　　　　（b）法向应力场分布特征

图 6.11　开挖扰动引起的层间错动带 C_2 内应力场分布特征

6.1.2.3　层间错动带应力场分布特征

图 6.12 为层间错动带 C_2 内剪切位移场分布特征，图中位移的基本单位为 m，C_2 内剪切滑移的量值集中在 0.01～0.05m 范围内，且 1～3 号机组上游侧剪切位移量和影响范围要明显大于下游侧；可以看到，下游侧深部置换洞明显控制了 C_2 内的剪切滑移变形，形成不连续变形的特征。

6.1.2.4　层间错动带劣化范围

综合层间错动带 C_2 内的应力云图、位移云图以及剪切滑移分布区域图（图 6.13）可以看出，层间错动带 C_2 内劣化变形为局部变形，影响范围为 0.5～1 倍的洞室跨度；同

时，置换洞起到了重要的抗剪效用。图 6.14
进一步给出了深部置换洞和系列纵向置换
洞的塑性区分布情况，图中深绿色区域表示岩
体未进入塑性状态，红色和粉红色区域表示
岩体进入剪切塑性状态，可以看出置换洞总
体上以剪切屈服为主，在屈服过程中，置换
洞已经将大部分剪切荷载传递至 C_2 下盘岩体
中，起到了应有的抗剪作用。由于置换洞本
身传递了较大的围岩荷载，局部洞段在传力
过程中形成了明显的屈服，工程现场中也观
察到了明显的开裂现象。

6.1.2.5 层间错动带劣化安全系数

在离散元数值模型中可以通过编程计算
开挖扰动下层间错动带 C_2 发生错动劣化的安
全系数。规定 F_s 为安全系数，则 F_s 的计算
公式为

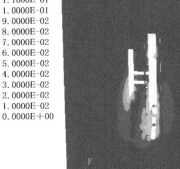

剪切位移/m

1.2000E-01
1.1000E-01
1.0000E-01
9.0000E-02
8.0000E-02
7.0000E-02
6.0000E-02
5.0000E-02
4.0000E-02
3.0000E-02
2.0000E-02
1.0000E-02
0.0000E+00

8号机组

1号机组

图 6.12　开挖扰动引起的层间错动带 C_2 内
剪切位移场分布特征

$$F_s = \frac{R}{S} = 1 \qquad (6.1)$$

式中　S——层间错动带 C_2 上的滑动力；

　　　R——层间错动带 C_2 上的抗滑力。

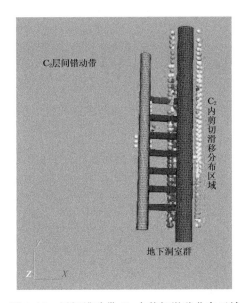

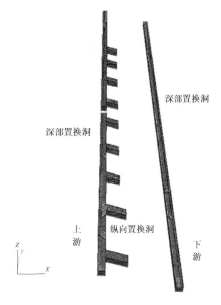

图 6.13　层间错动带 C_2 内剪切滑移分布区域　　图 6.14　置换洞区域塑性区分布特征

层间错动带 C_2 上的滑动力 S 通过 FISH 编程遍历并累加错动带 C_2 上所有次接触单
元（sub-contact）的剪切力得到，主要计算公式为

$$S_i = \left[(sf\_x)^2 + (sf\_y)^2 + (sf\_z)^2\right]^{1/2} A_i$$

$$S = \sum_{i=1}^{n} S_i \tag{6.2}$$

式中　　　　　　　　S_i——每个次接触单元上的滑动力；

sf_x、sf_y 和 sf_z——次接触单元上的 x、y 和 z 方向上的剪切应力分量；

A_i——次接触单元的面积。

层间错动带 C_2 上的抗滑力 R 是按照节理单元的库仑滑动公式遍历并累加 C_2 上所有次接触单元计算得到的，主要计算公式为

$$R_i = (\sigma_{ni}\tan\varphi_i + c_i)A_i$$

$$R = \sum_{i=1}^{n} R_i \tag{6.3}$$

式中　R_i——每个次接触单元上的抗滑力；

σ_{ni}——次接触单元上的法向应力；

φ_i——每个次接触单元上的内摩擦角；

c_i——每个次接触单元上的黏聚力。

由于在 Kriging 条件随机场中，除条件约束处的强度参数是确定的以外，场地内其他位置点处的强度参数均是通过 Kriging 插值方法得到的，这些插值点的数据存在一定的随机性，可以通过扩大抽样样本数量来从一定程度上减小这种随机性。本书采用蒙特卡洛抽样方法建立了层间错动带 C_2 的条件随机场样本，并将该随机场样本通过 Python 语言赋值给白鹤滩水电站大型深埋地下洞室群模型，通过数值计算得到每一个随机场样本对应的地下洞室群沿层间错动带 C_2 劣化滑动的安全系数 F_s。研究中采用 Python 编程自动循环调用离散元计算程序，共进行了 1000 次模拟计算，得到了地下洞室群沿层间错动带劣化滑动的安全系数分布直方图（图 6.15）。数值模拟结果表明安全系数近似服从正态分布，均值为 3.697。

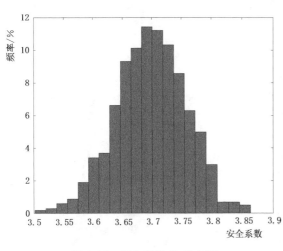

图 6.15　安全系数 F_s 直方图

6.1.3　工程控制技术

本书研发了由主洞＋支洞联合抗剪的预置换加强钢筋混凝土结构和追踪错动带走向的上盘岩体深层锚索加固技术，达到了控制深层围岩错动变形和限制上盘岩体屈服范围的目的。

层间错动带 C_2 是左岸厂区规模较大、贯穿性的 II 级结构面，斜切左岸整个主副厂房洞中、下部边墙，不仅造成出露部位上下游边墙变形量较大，而且错动带上下盘围岩产生较大的剪切错动变形，因此针对层间错动带 C_2 引起的围岩剪切错动变形及局部大变形，需采取有针对性的加强支护措施进行有效控制。

综合考虑，为减小左岸地下厂房边墙沿层间错动带 C_2 产生的不连续变形，在距离厂房边墙 13m 处设置置换洞，置换洞开挖断面为 $6m \times 6m$，先进行一期混凝土衬砌，然后进行固结灌浆，再进行中间混凝土回填。

层间错动带出露于母线洞、主变洞与尾水扩散段、尾水连接管之间岩柱，两者之间布置 2000kN 有黏结型预应力对穿锚索进行加固。

尽管前期已经考虑了层间错动带 C_2 对厂房边墙的不利影响，提前设置了置换洞，并布置了锁口及系统锚索支护，但是根据现场开挖过程中的监测及反馈分析成果，为更好地限制左岸主厂房下游高边墙沿层间错动带 C_2 产生的不连续变形，提高 C_2 上盘岩体的整体性，从而提高厂房边墙围岩稳定性，特对左岸厂房下游边墙 C_2 影响范围的支护进行了动态调整。

（1）在原上排锚索上部 2.4m 处增加一排压力分散型预应力锚索（2500kN、$L=35m$、上倾 $10°$），同时将原来有针对性地布置的 2 排压力分散型预应力锚索（2500kN）长度由 25m 调整到 35m。

（2）对左岸主副厂房洞左厂 $0-039.600 \sim$ 左厂 $0+088.800$ 段下游边墙层间错动带 C_2 预应力锚索间距由 3.8m 调整到 2.4m，并增加 3 排有黏结型预应力锚索加固。

（3）厂房高边墙不同高程及部位布置有进厂交通洞、进厂交通洞南侧支洞、母线洞、压力管道下平洞、尾水洞等，挖空率高，对厂房高边墙的围岩稳定不利，应合理安排各洞室的开挖支护顺序，并尽早进行母线洞的衬砌施工。

加强支护锚索后，在厂房第Ⅶ层开挖过程中，层间错动带 C_2 在边墙出露部位剪切变形趋于稳定。右岸主厂房第Ⅶ层（高程 $567.90 \sim 562.40m$）开挖以来，上游边墙中下部围岩变形及锚索荷载持续增长，围岩变形不仅量值较大，而且变形速率较大，锚索荷载快速增长，且不少荷载超过了设计荷载 2500kN。同时，上游边墙层间错动带 C_3 出露部位喷层混凝土发生了开裂现象，具体情况如图 6.16 所示。右岸主厂房上游边墙中下部围岩变形及锚索荷载分布情况如图 6.17 所示。

为提高右岸地下厂房上游边墙围岩稳定性，在右岸主厂房上游边墙高程 592.70m 和 585.50m 处与第 6 层排水廊道 RPL6-1 之间布置 2 排无黏结型对穿预应力锚索（$T=3000kN$）进行加强支护，在右厂 $0+170.750 \sim$ 右厂 $0+233.450$ 段上游边墙 C_3 出露部位增加 5 排 83 束有黏结型预应力锚索（$T=2000kN$）进行加强支护。

图 6.16　右岸主厂房上游边墙层间错动带 C_3 出露部位喷层混凝土开裂情况

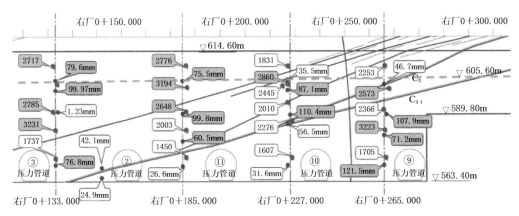

图 6.17　右岸主厂房上游边墙中下部围岩变形及锚索荷载分布图（单位：kN）

6.2　柱状节理破裂松弛效应及其控制

6.2.1　柱状节理控制效应

柱状节理岩体的破裂模式固然受岩体自身结构制约，同时也与破坏时的应力状态密切相关，在应力水平较低的情况下达到节理面的抗拉或抗剪强度，就容易产生岩体的卸荷松弛；在应力水平较高的情况下达到隐微裂隙甚至岩块的强度时，就会易产生岩体的破裂松弛。此外，当与大型结构面如层内带、断层和长大裂隙等组合时，一般会加剧松弛，局部形成坍塌。

6.2.1.1　柱状节理卸荷松弛破坏

地下洞室开挖卸荷应力调整。会导致洞周切向应力剧增，径向应力消失，洞周围岩的围压显著降低。对于不考虑柱状节理的脆性块状岩体来说，在以水平向构造应力占主导的应力条件下，洞室顶拱应力集中区容易引起高应力片帮破坏，其实质是岩体内部应力偏张量过大，发生轴向劈裂；边墙为应力松弛区时柱状节理岩体的柱体为陡倾角分布，因此洞室顶拱柱体垂直于柱体轴向加载，柱体间受到挤压作用，而边墙柱体平行于柱体轴向加载，致使低围压条件下的柱体呈张性特征，更容易松弛开裂，其特征如图 6.18 所示。

对于同为脆性硬岩的柱状节理玄武岩来说，原生节理（柱状节理）发育使得围岩更容易发生沿节理面的剪切开裂和轴向开裂，从而出现明显松弛。节理面高陡倾角及低围压特征，加剧了柱状节理岩体的卸荷松弛程度。洞周围岩应力变化及变形引起柱状节理岩体柱体间节理面张开，表现出较为明显的张性破坏特征。柱状节理玄武岩卸荷松弛机制示意如图 6.19 所示，在具备一定围压的条件下，柱状节理岩体表现为沿结构面的剪切破坏；接近洞壁，围压很低或不存在的条件下，柱体发生压致拉裂，柱状节理岩体表现为明显的张性破坏。

图 6.18 地下洞室边墙浅层柱状节理岩体
张性松弛特征

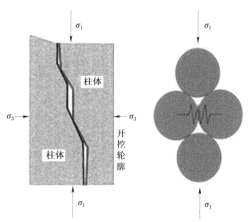

图 6.19 柱状节理岩体卸荷松弛机制
示意图[179]

基于上述卸荷松弛模式和机制，本书采用非连续力学方法对地下洞室中柱状节理的开挖卸荷松弛特性进行了模拟再现，计算模型中考虑了柱体间的致密镶嵌结构，如图 6.20 所示。柱状节理岩体、断层及节理面参数采用白鹤滩水电站导流隧洞施工开挖期监测反演分析成果，计算模型中各参数取值见表 6.3 和表 6.4。工程区域以水平向应力为主，最大主应力近 N—S 向，最小主应力近铅直向，隧洞柱状节理发育洞段的洞轴线方向为近 N—S 向，埋深约 500m，该洞段隧洞围岩稳定性主要受中间主应力和最小主应力控制，断面内大主应力方向倾角为 50°，初始大主应力为 19MPa，小主应力为 12MPa。

表 6.3 柱状节理玄武岩岩体参数取值

变形模量 /GPa	泊松比	黏聚力 /MPa	内摩擦角 /(°)	容重 /(kN/m³)	单轴抗压强度 /MPa
10	0.25	1.1	47.7	27.5	80

表 6.4 断层及柱状节理面参数取值

类别	法向刚度/GPa	剪切刚度/GPa	黏聚力/MPa	内摩擦角/(°)
断层	2	1	0.13	28.8
柱状节理面	100	50	0.40	50.0

在图 6.21 所示的应力环境和柱体分布条件下，城门洞型地下洞室边墙部位变形最大，开挖面一定范围内出现拉裂区，柱体间节理出现不同程度张开，离开挖面越近张开越明显，远离开挖面则显得轻微，并逐渐向原未扰动岩体过渡。边墙中部洞周表面浅层柱体局部发生掉块，由于柱体的空间分布特征，洞室两侧的松弛张开表现出较为明显的不对称性和差异性，顺倾向一侧边墙柱体表现为顺层滑移，反倾向一侧边墙柱体则表现为倾倒变形。白鹤滩水电站现场揭示的松弛现象如图 6.21 所示，它在一定程度上体现了柱状节理岩体的各向异性松弛变形特征。

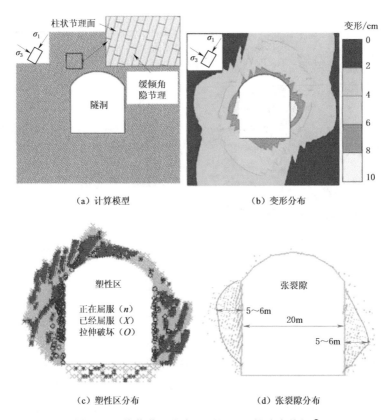

（a）计算模型　　　　　　　　　　（b）变形分布

（c）塑性区分布　　　　　　　　　　（d）张裂隙分布

图 6.20　柱状节理发育地下洞室开挖响应特征 ❶

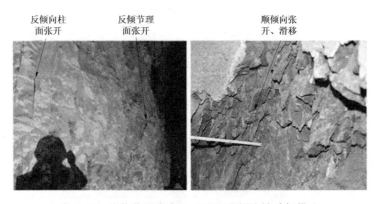

图 6.21　柱状节理发育地下洞室两侧边墙破坏模式

6.2.1.2　柱状节理与隐微裂隙破裂松弛

　　柱状节理玄武岩由脆性岩块和节理面（含微裂隙）组成，因此兼具隐晶玄武岩的脆性特征，并且叠加了密集结构面的影响，从而在高应力条件下既有脆性岩体破裂共性特征，

　　❶　倪绍虎，吕慷，杨飞，等．复杂条件下大型尾水隧洞围岩稳定性分析及支护对策 ［J］．水力发电学报，2014，33（3）：258－266．

又存在破裂形式等方面的特殊性。因此，本书在叙述脆性岩体破裂一般特征基础上，对柱状节理玄武岩松弛特性进行介绍。

破裂随时间扩展的另一个可以测量到的现象，是松弛圈深度随围岩变形持续增长，这种现象理解起来也比较直观，因为破裂时间效应必然是由洞壁浅层向深层发展，最终趋于稳定。但描述脆性岩石破裂特性的启裂强度和损伤强度都明显低于峰值强度，因此也不满足于传统的强度准则。此外，破裂发生和发展可能出现在弹性阶段，这使得传统的力学概念、理论和描述方法难以描述破裂行为。

众多学者开始着手采用新的理论体系研究岩体在高应力条件下的破裂行为。Martin 等[32,34-35]以洞壁围岩应力水平和岩石单轴抗压强度之比为指标总结出 3 点结论：①比值达到 0.3 时，会出现声发射现象，即应力水平超过岩体的启裂强度；②比值达到 0.4 时，围岩变形可以为监测仪器所测试；③比值达到 0.5 时，出现宏观破裂而可以被观察到。

总体上，硬岩隧洞的高应力破坏往往具有随时间不断发展的特点，以片帮破坏为例，完整性较好的洞段开挖后一般数小时至数天内即会出现浅层片帮，在随后的数周甚至数月内片帮深度不断发展，最终趋于稳定，但洞壁内部的损伤仍可能持续发展，并形成鼓胀变形。所以，围岩破裂发展的深度取决于地应力特征和岩体强度。

就白鹤滩水电站地下工程而言，隐晶玄武岩的单轴抗压强度（Unconfined Compressive Strength，UCS）离散性较大，分布于 70～140MPa，平均为 90～100MPa[180-181]。同时，在单轴压缩试验过程中的声发射监测成果表明，不论是否存在初始损伤的岩样，在应力达到 40MPa 左右时，岩石试件内部微破裂导致的声发射次数就明显增多，说明玄武岩岩块的 σ_{ci} 约为 40MPa。此外，由岩样破坏形态可见，在无围压条件下，破裂面主要与加载方向平行，其张性破坏特征与片帮形成机制相似。

由隐晶质玄武岩三轴压缩试验的岩样破坏特征（图 6.22）可见[182-183]，低应力条件下的岩样破坏主要由张性微破裂形成，而随着围压水平的增高，岩体的破坏由劈裂破坏向剪切破坏转化。其中，低围压条件下张性破坏的结果是使得破裂贯通后的岩体呈板状或者薄片状，与工程实际的片帮破坏机制相近。相反，片帮和破裂破坏也有前提条件，即需要满足低围压的前提条件。因此，在地下工程中，片帮和破裂破坏通常只可能发生在浅层部位，并呈现由浅层往深层破裂扩展的规律，从而表现出破裂与变形的时间效应特征。

围压0MPa　　　　围压5MPa　　　　围压10MPa　　　　围压20MPa

图 6.22 不同围压条件的隐晶质玄武岩岩样破坏特征

与浅埋低应力条件的地下工程不同，当研究围岩的高应力破坏（片帮、破裂）时，必须对岩石的峰后力学特性开展深入的试验研究，因为岩体屈服后，在峰值强度向残余强度过渡过程中，峰值力学特征对高应力导致的围岩损伤破坏深度起控制作用。

相比完整的隐晶质玄武岩，柱状节理玄武岩中初始裂纹（隐微裂隙）更为发育，导致其启裂强度和残余强度更低，表现为含微裂隙的柱体受力达到峰值强度后可能快速发生解体破坏。换言之，柱状节理玄武岩兼有隐晶玄武岩岩块和节理、微裂隙控制的脆性特征，因此容易在中高程度的应力集中条件下产生破裂松弛，甚至浅表层的解体破坏，且破坏的岩石并非片状，而是碎块状。

总体上，应力型破裂松弛机制主要与两个方面因素有关。

（1）应力水平。由于柱状节理发育不利于岩体的能量储存，应力水平不高时，洞室开挖后顶拱及拱肩切向应力集中，从而对陡倾角柱体起到压密作用，柱体更不易松弛，对洞室围岩稳定总体有利。然而，当应力水平足够高时，洞室开挖后应力集中可能导致类似片帮形成机制的破裂松弛，局部柱体解体，应力水平在此破坏中起控制作用。

（2）垂直于柱面的横向微裂隙。除普遍发育的柱状节理外，柱状节理岩体的柱体内还发育众多原生隐微裂隙，包括平行于柱状节理面的纵向微裂隙和垂直于柱面的横向微裂隙。这些原生微裂隙一般延伸不长，且主要在柱体内，通常表现为隐性，只是在受到构造改造和表生改造时才会显现张开，对岩体的完整性有一定影响。在缓倾角近水平向大主应力作用下，洞室开挖后顶拱切向应力集中区，洞壁浅层围压较低，当应力集中区的偏应力（环向应力 σ_1 －径向应力 σ_3）大于隐微裂隙的启裂强度时，以顺最大主应力方向（水平向）的隐微裂隙扩展和张开成新生破裂面为主，从而可能造成明显的松弛破裂。

应力水平不高且无大型结构面发育时，柱状节理岩体开挖后并未明显破裂松弛。此类松弛主要发生在地应力水平相对较高的洞室中，松弛破裂过程和程度主要受上述两种因素综合控制。换言之，柱体内部的微裂隙在破裂松弛过程中起控制作用，而高应力集中在破裂松弛中起外部诱因作用。

6.2.1.3　柱状节理与结构面组合的松弛坍塌

图 6.23 为柱状节理岩体受层内错动带、小断层、长大裂隙等结构面切割时的破坏特征。由于柱状节理岩体内不连续构造较为发育，被这些不连续构造切割时，原有的致密镶嵌结构和整体性被破坏，柱体间相互镶嵌咬合的作用被削弱，因此柱状节理岩体的卸荷松弛特征表现得更为明显，尤其是结构面下盘的柱状节理岩体自稳能力较差，易发生局部范围的坍塌，现场揭示的坍塌现象如图 6.24 所示，其与数值计算规律基本一致。因此，受不连续结构面切割的柱状节理岩体洞段需加强支护并及时支护。

总体上，柱状节理玄武岩卸荷松弛还具有一个十分显著的特征，即与不连续结构面组合，卸荷松弛显著加剧，围岩稳定性明显恶化。主要原因是结构面切割造成原本致密镶嵌的结构被破坏，柱状节理围岩自稳能力明显降低，局部松弛坍塌。因此，就柱状节理岩体卸荷松弛发展演化过程而言，有层内错动带、断层、长大裂隙等不利地质构造组合影响时，柱状节理岩体的卸荷松弛更快，从微观、细观特征转变到宏观特征的时间也会更短，围岩自稳时间缩短，相应的是松弛深度和程度也更大，因此更应保证支护的及时性和有效性。

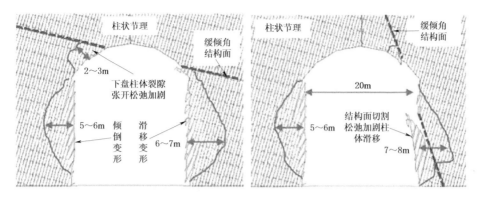

图 6.23 不连续结构面切割柱状节理岩体的张裂隙分布 ❶

隧洞拱脚结构面导致下盘   隧洞边墙结构面导致边墙柱
柱体松弛加剧，局部坍塌   体松弛加剧，局部松散解体

图 6.24 不连续结构面切割柱状节理岩体的松弛现象

6.2.2 工程控制技术

6.2.2.1 柱状节理松弛岩体支护及灌浆效果

1. 支护效果

为评价支护作用对柱状节理岩体松弛的影响，选取柱状节理岩体试验洞作为测试场地，并将试验洞分为支护段和毛洞段两个研究段，支护段采用喷锚支护，支护参数：喷 C30 混凝土厚 10cm，预应力锚杆直径 25mm，锚杆间距 1.5m，长度 4.5m。支护段在每层支护段开挖完成后即进行支护，第Ⅰ层的声波测试在支护后进行。其中支护段选取一个断面 A-1，毛洞段选取两个断面 B-1、C-1，为对比支护对松弛的影响，选取三个观测断面中第Ⅰ层和第Ⅱ层开挖后的声波测试成果进行对比，对比见表 6.5。

对比表明，A-1 支护断面的松弛层厚度增幅小于 B-1 未支护断面，大于 C-1 断面，说明开挖后再进行支护与未支护岩体松弛特性差异不大。

2. 灌浆效果

将柱状节理玄武岩试验洞灌浆区（灌浆三区）分三序孔布置，Ⅰ序孔孔距定为 8.0m，Ⅱ序孔孔距为 4.0m，Ⅲ序孔孔距为 2.83m。灌浆孔深定为 45m，灌浆孔径采用

---

❶ 倪绍虎，何世海，陈益民，等. 柱状节理玄武岩的破坏模式、破坏机制及工程对策［J］. 岩石力学与工程学报，2016，35（S1）：3064-3075.

表 6.5 试验洞支护与未支护断面松弛层厚度和波速对比表

支护性状	断 面		松弛层厚度/m	松弛厚度增幅/%	松弛岩体波速/(m/s)	未松弛岩体波速/(m/s)	波速降低率/%
支护	第Ⅰ层开挖后	A-1	0.88	34.1	4078	5042	19.1
	第Ⅱ层开挖后		1.18		3468	4782	27.5
毛洞	第Ⅰ层开挖后	B-1	0.96	43.8	4322	5106	15.4
	第Ⅱ层开挖后		1.38		3411	5038	32.3
	第Ⅰ层开挖后	C-1	0.8	17.5	4666	5023	7.1
	第Ⅱ层开挖后		0.94		4273	4951	13.7

$\phi 76mm$ 或 $\phi 66mm$。采用孔口封闭自上而下灌浆的方法，第 5 段至孔底采用自下而上分段灌浆的方法。灌浆段长 2~5m，灌浆压力 0.3~4.5MPa。单位注入量平均为 27.11kg/m，其中Ⅰ序孔为 32.04kg/m，Ⅱ序孔为 32.19kg/m，Ⅲ序孔为 15.91kg/m。

（1）声波测试结果。试验三区松弛层厚度变化较大，范围为 0.5~1.8m；从各灌后检查孔电视图像中可见，相对非松弛岩体，松弛层裂隙发育，灌后大多松弛层孔段见明显的水泥结石。灌浆前后钻孔声波测试成果见表 6.6。灌前松弛层声速均值为 3771m/s，灌后松弛层声速均值为 4027m/s，松弛层岩体声速灌后较灌前有所提高，提高率总体为 6.8%。

表 6.6 柱状节理玄武岩灌浆试验声波测试成果表

位置	状态	孔号	松弛层厚度/m			松弛岩体波速/(m/s)		未松弛岩体波速/(m/s)		波速降低率/%
			单孔残留	单孔总厚度	总厚度平均值	单孔	平均值	单孔	平均值	
底板	灌前	11 号	1.5	2.5		3940	5040	5344	5040	25.2
		12 号	0.6	1.6		3634		4976		
		13 号	0.9	1.9		4068		4961		
		15 号	1.5	2.5		3712		5080		
		SQ-J1	1.8	3.1	2.11	3723		4977		
		SQ-J2	<1.2	<2.4		—		—		
		SQ-J3	0.4	1.3		—		—		
		SQ-J4	<1.1	<2.4		—		—		
		SQ-J5	0.8	1.8		3445		5040		
	灌后	SQ-P1	1.8	2.9		4280	5322	5357	5322	24.3
		SQ-P2	1	2.24		3650		5140		
		SQ-P3	0.8	2.0		4490		5070		
		SQ-P4	0.8	2.2		3863		5236		
		SQ-B1	1.7	2.7		3701		5135		
		SQ-B2	1.2	2.2		3713		5264		

续表

位置	状态	孔号	松弛层厚度/m			松弛岩体波速/(m/s)		未松弛岩体波速/(m/s)		波速降低率/%
			单孔残留	单孔总厚度	总厚度平均值	单孔	平均值	单孔	平均值	
底板	灌后	SQ-B3	0.9	1.9	2.11	3837	4027	5428	5322	24.3
		SQ-B4	0.6	1.6		4061		5355		
		SQ-B5	0.5	1.5		4261		5480		
		SQ-B6	0.9	1.9		4430		5416		
		SQ-B7	0.6	1.6		4518		5400		
		SQ-B8	1.1	2.1		4019		5586		

（2）压水试验结果。灌后松弛岩体压水试验成果见表 6.7。可以看出，灌浆后除局部特殊情况外，松弛岩体透水率降至 1Lu 以下，说明灌浆有一定的效果。

表 6.7　　　　SQ-J1～SQ-J5 及 SQ-P1～SQ-P4 压水试验成果一览表

岩类	钻孔深度/m		透水率/Lu								
	起	止	灌 前					灌 后			
			SQ-J1	SQ-J2	SQ-J3	SQ-J4	SQ-J5	SQ-P1	SQ-P2	SQ-P3	SQ-P4
松弛层	1.3	3.5	3.94	0.76	0.94	1.96	0.77	—	0.56	33.38	0.45

注　33.38 为劈裂段透水率。

（3）灌后岩体力学性质。根据灌浆前后岩体声波测试、现场岩体力学试验成果对比可知，灌浆前松弛岩体波速为 3770m/s，变形模量平均值在 3.5～4.0GPa 之间，属Ⅳ类岩体。灌浆后松弛岩体波速为 4027m/s，达到Ⅲ$_2$类岩体的水平，因此松弛岩体的力学参数按Ⅲ$_2$类岩体的下限值提出，对于未松弛的岩体，灌浆前后声波未发生变化，因此按原岩提出，松弛岩体灌浆后力学参数建议值见表 6.8。

表 6.8　　　　柱状节理玄武岩（Ⅲ$_1$类）松弛岩体灌浆后力学参数建议值

声波波速建议值/(m/s)	变形模量/MPa	抗剪强度（岩/岩）		抗剪强度（混凝土/岩）	
		f'	c'/MPa	f'	c'/MPa
4000	$\frac{7}{5}$	0.90	0.75	0.90	0.75

注　变形模量栏，横线上方为水平向变形模量，下方为铅直向变形模量。

6.2.2.2　柱状节理岩体支护方案

1. 穹顶

尾水调压室穹顶规模大，尺寸效应较明显，其开挖响应特征也有别于其他规模相对较小的圆筒形调压室穹顶。在数值计算分析成果基础上，类比其他工程的基本条件和支护参数，采用了系统喷钢纤维混凝土、系统锚索、锚杆（普通砂浆锚杆和预应力锚杆间隔布置）的联合支护形式。系统锚索起到悬吊和减跨作用，有利于提高大跨度穹顶围岩的整体稳定性和局部块体稳定性。柱状节理玄武岩在穹顶出露，卸荷松弛的尺寸效应和时间效应均较为明显，围压和支护时机对柱状节理玄武岩的卸荷松弛影响较大。因此，对于受柱状节理影响相对较大的穹顶，将锚杆、锚索间、排距适当加密，柱状节理穹顶采用预应力锚杆代替普通砂浆锚杆，从而抑制卸荷松弛向穹顶深部扩展。

2. 直墙

尾水调压室直墙开挖高度为 57.92～93m，为圆筒形布置，高边墙效应总体上不突出。在数值计算分析成果的基础上，类比其他工程的基本条件和支护参数，采用了系统挂网喷混凝土和系统锚索、锚杆（普通砂浆锚杆）的联合支护形式。根据计算分析，结合现场导流洞开挖揭露的情况，柱状节理玄武岩在高边墙出露时松弛现象明显，故对柱状节理玄武岩在井身出露段采用系统喷钢纤维混凝土代替一般挂网喷混凝土，锚杆、锚索间、排距适当加密，系统预应力锚杆代替部分普通砂浆锚杆。

6.2.2.3　穹顶预处理措施

为实现巨型穹顶系统支护的超前实施和超前监测，创新性设计了"王"字形穹顶锚固观测洞，预设对穿锚索反吊穹顶新型支护结构，实现巨型穹顶悬吊减跨和承载拱的形成。

在尾水调压室穹顶上方 30m 左右平行厂房纵轴线方向布置锚固观测洞及与之垂直的支洞，观测洞与支洞共同构成"王"字形（图 6.25），以便巨型穹顶对穿锚索预实施及保证辐射范围。根据锚固观测洞开挖过程中揭示的地质情况及补充勘测工作，还可以进一步查明尾水调压室穹顶区域的地质条件及围岩稳定特征，同时实现超前地质探测勘探的作用。采取合理的措施对尾水调压室穹顶进行加强支护，以改善穹顶区域围岩的稳定条件，并在锚固观测（支）洞内向穹顶范围埋设观测仪器，在施工期及运行期对穹顶围岩稳定及支护结构进行长期观测，通过提前预埋这些设备，对穹顶全过程开挖响应进行监测预警，捕捉施工期全部稳定状态信息。基于安全监测信息，进行施工期监测反馈分析和动态优化设计，及时有效且有针对性地调整支护参数，确保大跨度穹顶围岩稳定。

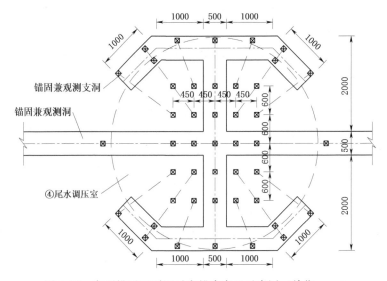

图 6.25　穹顶锚固观测洞对穿锚索布置示意图（单位：cm）

采取合理、可行的工程处理措施对调压室穹顶的不利地质构造进行预处理，以降低其对洞室围岩稳定的影响，是确保调压室穹顶围岩稳定的主动措施，主要工程预处理措施包括对穿预应力锚索和穹顶渗控排水。

1. 对穿预应力锚索

尾水调压室穹顶跨度大，尺寸效应较显著，锚索一定程度上能起到悬吊和减跨作用，与系统锚喷支护共同形成群锚效应，提高穹顶围岩的完整性，形成有效压力拱，充分发挥围岩的自承能力。调压室地质条件较为复杂，特别是右岸受层间（内）错动带及柱状节理影响，为保证穹顶锚索支护的及时性和有效性，尽早提供围压和发挥拱效应，减小穹顶围岩变形松弛和破坏，借助"王"字形锚固观测洞，穹顶中心范围内部分锚索采用对穿布置的形式。

主要的支护措施包括位于穹顶中心的 25 根对穿预应力锚索、6m 长砂浆锚杆、9m 长预应力锚杆以及系统非对穿预应力锚索。其中穹顶中心的 25 根对穿预应力锚索越早实施越有利于穹顶围岩稳定，提前钻孔下索，待调压室穹顶扇形开挖到锚索区域具备张拉条件后立即进行张拉，及时提供围岩和预拉力。

2. 锚固观测洞（支洞）渗控排水措施

运行期将锚固观测洞兼作尾水调压室渗控排水洞，其顶拱布置排水孔幕，以改善尾水调压室穹顶的运行环境和长期围岩稳定条件，防止开挖后洞室围岩，特别是层间错动带在地下水长期作用下进一步劣化，不利于洞室围岩的长期稳定性。锚固观测洞（支洞）渗控排水布置方案中排水孔幕参数为间距 3m、孔深 20m。

6.3 硬性结构面局部弱化效应及其控制

6.3.1 围岩典型脆性破坏特征

白鹤滩水电站坝址区属高原深谷地貌，位于交际河断裂带东侧、小江断裂带北侧。受新构造运动以来的 NW—NNW 区域构造挤压运动作用，白鹤滩水电站地下洞室群围岩以构造应力为主。坝址区原岩地应力一般为 NNW—NW 向，但右岸地下洞室群原岩初始应力受河谷下切和断块错动作用的影响，最大主应力方向偏转至近 N—S 向。左岸地下洞室群的初始最大地应力为 19～23MPa，实测最大水平主应力为 33.39MPa，倾向河谷 5°～13°。右岸最大主应力为 22～26MPa，实测最大水平主应力达 30.99MPa，中间主应力总体倾向河谷 2°～11°，但局部受层间错动带影响，地应力的量值和产状特征都有所变化。

总体上，白鹤滩水电站地下厂房规模无疑是世界级的，而其地质条件的复杂性和到目前为止开挖过程中获得的认识已经显示了其岩石力学问题的复杂多样性。尤其是右岸地下厂房洞室群，其埋深达 500m 以上，最大实测地应力达 33.39MPa，深埋条件下的脆性围岩应力型问题较为明显。

地下洞室群围岩破坏的过程是一个十分复杂的二次应力应变场自适应调整过程，是岩体工程地质特性、洞室规模和结构、开挖时序与爆破控制、支护强度和时机等众多因素共同作用的结果。依据影响因素的驱动模式，高应力问题往往表现为两种模式：应力驱动型的破坏模式和组合驱动型的破坏模式。应力驱动型的破坏模式是指在高地应力条件下，因开挖造成围岩应力重分布，在二次应力作用下，围岩起裂，产生新的裂缝，新生裂缝扩展、贯通，致使围岩损伤而不一定产生滑移的岩石破坏。该破坏模式具体表现主要有张开碎裂、剥离、板裂、岩爆、剪切破坏等，从力学机制上可归纳为拉张破裂（T）、张剪破裂（TS）、剪切潜在破裂（S）等模式。组合驱动型破坏是指同时受到断层、层间层内错动带、挤压破碎带等结构面与高地应力的影响而产生的破坏。

根据白鹤滩水电站基本地质条件可知，地下厂房洞室群围岩完整性总体较好，地质强度指标（GSI）一般为 50～70。除层间错动带等构造影响部位局部为Ⅳ类围岩外，其他洞段都为Ⅱ类、Ⅲ₁类和Ⅲ₂类围岩，且以Ⅲ₁类围岩比例最高。同时，由于左右岸厂房断面初始大主应力为 21～26MPa，与玄武岩的单轴抗压强度（90～100MPa）的比值显然大于 0.15，具备产生应力型破坏的条件。所以，白鹤滩水电站地下厂房的软岩问题不突出，围岩破坏模式以应力控制型、结构面控制型、应力与结构面组合控制型为主。另外，白鹤滩水电站地下洞室群初始应力水平相对较高，存在应力型破坏的先决条件，而水平向占主导（$\sigma_{Hmax} > \sigma_{Hmin} > \sigma_v$）的应力分布特征，使得地下洞室的应力集中与高应力破坏风险区主要位于顶拱和直立边墙的墙角部位，加之左、右岸地下洞室群初始应力都具备倾向河谷的特征，使得临江侧拱肩和非临江侧墙角围岩的应力型破坏更为突出。

根据地应力和室内试验成果，白鹤滩水电站左岸厂区岩石强度应力比（R_b/σ_1）为 3.22～5.89，右岸厂区岩石强度应力比为 2.85～5.09，属于典型的高应力区。白鹤滩水电站左右岸地下厂房围岩完整性较好，地质强度指标（GSI）一般为 50～70。除层间错动带等构造影响部位局部为Ⅳ类围岩外，其他洞段都为Ⅱ类、Ⅲ₁类和Ⅲ₂类围岩，且以Ⅲ₁类围岩比例最高。同时，由于左、右岸地下厂房断面初始大主应力为 19～26MPa，与玄武岩的单轴抗压强度（90～100MPa）的比值显然大于 0.15。根据岩石工程界广泛采用的经验标准，白鹤滩水电站地下厂房围岩应力条件和玄武岩岩体强度之间的矛盾突出，已经具备高应力破坏的条件。在洞室开挖过程中，围岩在破坏形式上则表现出片帮、破裂破坏及松弛垮塌。

6.3.1.1　片帮

白鹤滩水电站左、右岸地下厂房施工过程中常发生片帮现象，并可听到岩石爆裂声。片帮位置及特征与地应力大小、方向密切相关，受河谷应力场影响，左岸地下厂房片帮大多数发生在上游侧顶拱偏拱肩部位，右岸地下厂房片帮大多数发生在上游侧拱肩偏拱顶部位。刚开挖时片帮发育深度一般为 10～30cm，局部达 50～70cm，后期深度增加，最大深度可达 200cm，片帮垂直洞轴线宽度一般为 3～8m，最宽 12m，典型片帮破坏照片如图 6.26 所示。

在勘探平洞中，片帮主要发生在斜斑玄武岩、隐晶质玄武岩内，部分发生在杏仁状玄武内，很少发生在角砾熔岩内。施工阶段，片帮在左岸厂房各岩性层内均有发育，但仍存在一定的关系：隐晶质玄武岩和斜斑玄武岩最为发育，其次为角砾熔岩和杏仁状玄武岩。

(a) 左岸地下厂房　　　　　　　　　　　　(b) 右岸地下厂房

图 6.26　白鹤滩水电站地下厂房上游拱肩典型片帮破坏照片

6.3.1.2　破裂破坏

白鹤滩水电站左、右岸地下厂房开挖后会在其上游侧拱肩、下游侧底脚及开挖不平顺部位产生局部应力集中，当应力超过岩体强度且没有足够的临空面快速释放能量时，其可能以岩体破裂破坏的形式出现。在勘察阶段，因勘探平洞规模小，应力集中程度相对较低，尚未出现明显破裂破坏现象。白鹤滩水电站地下厂房规模巨大，跨度达 34m，洞室采用分层分部分块开挖，洞室围岩应力随着洞室开挖形状的变化而不断调整。

中导洞与顶拱上游侧扩挖交界处及上游侧顶拱处围岩出现破裂破坏。左右岸地下厂房在第 I 层开挖过程中，中导洞上游侧顶拱及上游侧第一序扩挖部位顶拱因片帮破坏形成凹坑，凹坑一般在垂直于厂房轴线方向形成错台、台坎，台坎周边岩体在已（部分）支护的情况下受高应力影响而发生破裂破坏现象，破裂面与开挖临空面近于平行。白鹤滩水电站左岸地下厂房上游侧顶拱与中导洞交界部位岩体破裂如图 6.27 所示。

图 6.27　白鹤滩水电站左岸地下厂房上游侧顶拱与中导洞交界部位岩体破裂

边墙开挖分层面处围岩出现破裂破坏。左、右岸地下厂房上、下游两侧边墙破裂破坏现象一般发生在开挖界面处及分层底脚部位，破裂面与开挖临空面近于平行，中等倾角为主，倾向于临空面，深度一般为 10~30cm，最深达到 50~150cm。下游侧边墙破裂破坏现象较上游侧边墙更明显，主要与第一主应力倾向上游侧有关，且左岸地下厂房在层间错动带 C_2 下盘存在局部应力集中区。

地下厂房底板和机坑隔墙围岩沿岩流层层面出现破裂破坏。与厂房上游侧顶拱应力集中区对应，562.9m高程处底板及机坑层边墙也是出现应力集中的部位，开挖过程中出现沿岩流层层面的破裂破坏，且下游侧破坏程度大于上游侧，尤以$P_2\beta_2^3$隐晶质玄武岩内表现得最为强烈，多形成间距为5～40cm的平行断续发育的破裂面，表层呈微张张开状，底板沿面呈台坎状。白鹤滩水电站地下厂房下游侧边墙岩体破裂破坏及左岸地下厂房562.9m高程处底板隐晶质玄武岩沿岩流层层面破坏分别如图6.28和图6.29所示。

（a）左岸地下厂房　　　　　　　　　　（b）右岸地下厂房

图6.28　白鹤滩水电站地下厂房下游侧边墙岩体破裂破坏

图6.29　白鹤滩水电站左岸地下厂房562.9m高程处底板隐晶质玄武岩沿岩流层层面破裂破坏

6.3.1.3　松弛垮塌

白鹤滩水电站左、右岸地下厂房局部洞段岩体完整性差，裂隙较为发育，在高地应力环境下，围岩开挖后如未能及时支护，尤其是洞室交叉处，围岩易松弛并随时间不断发展，最终导致岩体出现松弛垮塌现象。例如，左岸地下厂房第Ⅲ层下游侧边墙桩号左厂0−005.000～左厂0+016.000段揭露$P_2\beta_3^1$层隐晶质玄武岩，微裂隙发育，裂隙间距为3～5cm，受开挖及爆破震动影响，表层岩体卸荷松动明显，局部用手可掰动（图6.30）；右岸地下厂房上游侧拱肩右厂0+145.000～右厂0+150.000段底板以上2～3m、右厂0+155.000～右厂0+159.000段底板以上1.5～5m，发育一组N40°W、SW∠85°裂隙，间距为20～40cm，仅进行了初喷混凝土支护，后期发生松弛垮塌，发育深度一般为20～40cm（图6.31）。

图 6.30 左厂 0+012.000 段附近厂房下游
侧边墙局部表层岩体松弛

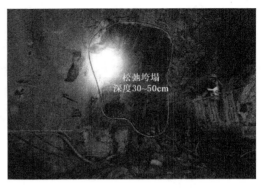

图 6.31 右岸地下厂房上游侧拱肩右厂 0+145.000～
右厂 0+150.000 段松弛垮塌

左岸厂房第Ⅳ～Ⅶ层边墙与母线洞、运输通道、压力管道下平段形成的边口部位，受爆破震动、地应力调整及开挖卸荷影响，多出现岩体松弛现象，松弛开裂面多呈弧形，松弛深度一般为 1～3m，局部岩体松弛塌落（图 6.32 和图 6.33）。

图 6.32 厂房第Ⅴ层下游侧边墙与 1 号
母线洞交叉口岩体松弛垮塌

图 6.33 厂房第Ⅴ层上游侧边墙与 2 号
运输通道交叉部位岩体松弛

6.3.2 硬性结构面控制效应

为从细观角度认识白鹤滩玄武岩破裂特性，通过对厂房开挖期间典型片帮破坏的片状或板状破裂岩片进行现场取样 [图 6.34（a）]，利用 SEM 扫描手段，就能对这些岩片的破裂类型进行识别，进而分析、认识片帮破坏的破裂机制。

图 6.34（a）给出了白鹤滩水电站地下厂房内某典型片帮破坏的取样位置与所取岩样的照片，该岩样为近似平行于开挖卸荷面的新生破裂岩片，对此新生破裂面进行 SEM 扫描，典型扫描结果如图 6.34（b）所示。其特征为：晶面光滑平整，呈阶梯状分布，断面棱角锋利鲜明，呈明显锯齿状，为穿晶断裂，在断面上及侧面低洼部位没有或者少有散落的岩屑，且看不到平行的擦痕，可判断该扫描面呈现出明显的张拉破裂特征。这对于揭示开挖卸荷作用下片帮围岩的受力状态及破裂机制具有一定参考意义。

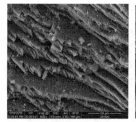
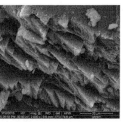

（a）现场取样位置及扫描面　　　　　　　　　（b）典型SEM扫描图像

图 6.34　白鹤滩水电站地下厂房某片帮破裂面的 SEM 扫描结果

现场调查发现，片帮既可以发生在不含结构面的完整岩体中，也能够发生在含少量硬性无充填结构面的较完整岩体中。对于这两类情况而言，片帮形成与发生机理大致相同，但其破坏形态会因结构面是否存在而稍有区别，具体机理阐述如下。

1. 完整岩体中片帮的形成与发生机理

洞室开挖后应力调整，平行于开挖面的切向方向应力急剧增加，可看作是 σ_1；洞壁

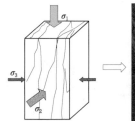
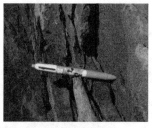

图 6.35　开挖卸荷围岩表层的张拉破裂
及其应力状态示意图

围岩法向卸荷，应力急剧降低，甚至到 0，该法向应力可看作是 σ_3；平行于洞轴的应力则看作是 σ_2。此应力状态会使浅表层范围内的硬脆性围岩由于压致拉裂而产生近似平行于卸荷面的张性破裂裂隙，如图 6.35 所示。随着掌子面的不断推进，应力的调整、集中与释放以及能量的聚集、耗散与释放也随之变化，掌子面的开挖和向前推进又进一步加剧能量的聚集，张拉裂隙随着切向应力的增加和法向应力的卸载进一步发展劈裂，甚至成板状 [图 6.36（a）]。岩板在切向应力与围岩法向支撑力的共同作用下，逐渐向临空方向发生内鼓变形，当内鼓变形至一定程度时，在岩板内鼓曲率最大处出现径向水平张裂缝 [图 6.36（b）]。随着径向张裂缝的逐渐扩张，岩板折断失稳并在重力作用下从母岩脱离、自然滑落或在爆破扰动下剥落 [图 6.36（c）]。随着应力的不断调整或附近累积爆破扰动的影响，岩板由表及里渐进折断、剥落，最终形成片帮坑 [图 6.36（d）]。

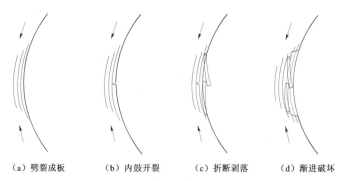

（a）劈裂成板　　　　（b）内鼓开裂　　　　（c）折断剥落　　　　（d）渐进破坏

图 6.36　完整岩体片帮的破坏过程

2. 含硬性结构面岩体片帮的形成与发生机理

对于这类片帮而言，岩体完整性依然较高，破坏区域揭露的结构面主要为Ⅳ级无充填的硬性结构面，发育条数有限，延伸不长，且多与洞轴线及洞壁大角度相交。洞室开挖后围岩应力调整，洞壁围岩法向卸荷而切向应力集中，造成浅表层范围内的硬脆性围岩产生近似平行于开挖卸荷面的张拉裂隙，并随着切向应力的增加和法向应力的卸载进一步发展劈裂，甚至成板状［图 6.37 (a)］。岩板被几条硬性结构面大角度切割而形成多段短小的岩板，在切向应力与围岩法向支撑力的共同作用下，岩板逐渐向临空方向发生内鼓变形，且沿着内鼓曲率最大处附近的硬性结构面首先张开，出现径向水平张裂缝［图 6.37 (b)］。随着径向张裂缝的逐渐扩张，岩板之间开始分离，最终在重力作用下从母岩脱离、自然滑落或在爆破扰动下剥落［图 6.37 (c)］。随着应力的不断调整或附近累积爆破扰动的影响，岩板由表及里渐进地沿硬性结构面分离、脱落，最终形成片帮坑［图6.37 (d)］。且硬性结构面构成了片帮破坏的边界。需要说明的是，由于这类大角度硬性结构面的存在，因压致拉裂而产生的近似平行于开挖卸荷面的劈裂岩板更易发生折断、剥落，因此可认为这类硬性结构面的存在可能会降低片帮破坏的应力门槛值。

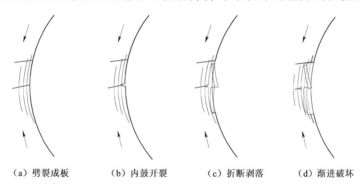

(a) 劈裂成板   (b) 内鼓开裂   (c) 折断剥落   (d) 渐进破坏

图 6.37　含硬性结构面岩体片帮的破坏过程（蓝色表示与洞壁大角度相交的结构面）

由于围岩应力由表及里逐渐转化为三向应力状态，因此劈裂裂隙在洞壁卸荷面附近密度较大，而往围岩内部渐渐稀疏直至消失，室内真三轴模拟试验中也呈现出类似特征。片帮则发生在卸荷面附近开裂松弛的围岩浅表层范围内，且由表及里渐进剥落破坏至一定深度为止。若及时支护，相当于给围岩施加一定程度的法向应力 σ_3，便能改善围岩应力状态，有利于减缓或抑制片帮的发生。

第 7 章 结论与展望

　　岩体结构面特性及其工程效应对研究地下工程围岩稳定性问题具有重要意义。本书基于白鹤滩水电站和锦屏地下实验室结构型、应力结构型破坏案例以及结构面的工程统计结果，分析了层间错动带、柱状节理、硬性结构面的空间分布特征及其对围岩渐进破坏过程的作用机制和边界限定作用；利用多元原位测试手段，研究了层间错动带的非连续变形、柱状节理的开挖松弛及硬性结构面的脆性开裂特征；开展一系列单轴压缩、常规三轴压缩、真三轴压缩、直接剪切及原位变形强度试验，研究了结构面岩体的剪切特性、各向异性特性及脆延转化特性，揭示了硬性结构面对玄武岩和大理岩力学性质的影响规律；基于结构面岩体的变形和强度参数随塑性累积的演化规律及其长时蠕变特征，发展了层间错动带长时蠕变模型、柱状节理各向异性特性、硬性结构面岩体脆延塑模型；结合现场监测成果和数值分析结果，评估了层间错动带的结构劣化效应、柱状节理的破裂松弛效应、硬性结构面的局部弱化效应，并提出了一系列工程控制技术，取得了良好的应用效果。通过原位测试技术、试验技术、力学模型构建方法和工程实践，本书可以得到以下 4 点重要认识。

　　（1）岩体中的结构面是岩体力学强度相对薄弱的部位，其导致了岩体力学性能的不连续性、不均一性和各向异性；岩体的结构特征对岩体在一定荷载条件下的变形破坏方式和强度特征起着重要的控制作用，岩体中的软弱结构面常常成为决定岩体稳定性的控制面，各结构面分别为确定地下工程岩体抗拉或抗滑稳定的分割面和破坏边界控制面。

　　（2）原岩结构面起伏差小于错动带厚度时，抗剪强度由错动带夹泥力学作用控制；大颗粒含量对错动带剪切力学特性影响较小；提出了准确模拟含水错动带三轴压缩蠕变结果的改进 Singh - Mitchell 模型，可以满足工程错动带的长期变形预测；研究了长大错动带结构性状特征及劣化特征，揭示了大型错动带影响下洞室群围岩应力与变形不连续特征，以及附近岩体破坏演化规律；提出了在厂房附近设置置换洞＋固结灌浆＋混凝土回填的综合治理措施，有效控制错动带的错动变形，保持洞室群整体稳定性。

　　（3）在柱状节理岩体地质调查的基础上，综合采用现场试验、室内试验、数值计算等多种方法，研究了柱状节理玄武岩的尺度特征。工程尺度上玄武岩柱体发育极为不均，在空间上互相咬合并呈现出镶嵌结构的特征；在大尺寸岩芯尺度上柱间节理面的粗糙程度较低；在玄武岩柱体尺度上其内部隐微裂隙具有明显倾向性，隐微裂隙及柱间节理面是造成柱状节理玄武岩特殊破坏形式的重要原因；在标准尺寸岩芯上柱状节理玄武岩各向异性程度与柱间节理面数目成正比，柱体内部隐微裂隙对玄武岩柱体声波传播各向异性产生影响，隐微裂隙扩展可导致柱体过早破坏，岩体整体承载能力下降，岩体破坏时结构破碎。

针对柱状节理岩体复杂的变形、强度各向异性特性，提出了柱状节理岩体结构精确重构3D打印方法，系统研究了3D打印重构体的力学及破坏特性，探讨了柱状节理岩体3D打印重构体各向异性特性。针对柱状节理玄武岩易受开挖扰动而产生松弛破坏，形成了一整套柱状节理玄武岩松弛控制技术，解决了高应力条件下柱状节理玄武岩围岩破裂松弛控制难题。

（4）借助三维激光非接触测量的技术优势，统计了锦屏地下实验室5～8号实验室结构面的产状信息，发现了优势结构面的走向与实验室洞轴线呈小角度相交，且优势结构面的倾角较大，锦屏地下实验室5～8号实验室应力结构型破坏多为单一硬性结构面所致，且硬性结构面多为钙质胶结，胶结强度大而厚度非常小，揭露的硬性结构面表面部分完整而部分有滑痕，说明硬性结构面的破坏机制为拉剪混合破坏，另外硬性结构面对断面轮廓具有显著的边界限定作用，即一定程度上决定了断面轮廓的最终时变值；本书量化了发生不同破坏类型的应力和硬性结构面倾角条件；系统分析了含硬性结构面大理岩试样的试验结果，建立了含硬性结构面大理岩力学模型，考虑了硬性结构面对岩体力学参数的影响效应；结合数值分析手段，研究含不同产状硬性结构面大理岩试样的破坏结果以及试样的渐进破坏过程，模拟硬性结构面在围岩破坏过程中的作用机制。

针对岩体结构面的工程特性及其对地下工程岩体稳定控制效应和作用机制问题，选取层间错动带、柱状节理、硬性结构面为研究对象，通过原位测试技术、现场及室内试验技术、理论分析、数值模拟和工程实践等手段，揭示了其空间分布特征和基本力学特性，建立了其各具特色的力学模型，研究了其对地下工程稳定的控制效应，阐明了其在工程破坏中的作用机理，形成了一整套具针对性的控制技术，取得了良好的应用效果。目前，本书对岩体结构面的研究还不全面，有关断层、褶皱、层理等结构面力学特性及工程效应的研究还未涉及，今后还需结合重大工程实践，运用新型原位测试方法和技术，捕获现场结构面性质、产状、破坏模式等第一手客观信息，考虑其他类型结构面对工程稳定的影响效应，设计更加符合工程开挖应力路径的试验方案，探明岩体结构面的工程力学响应特征，并基于弹塑性力学、损伤断裂力学、非连续介质力学等理论，发展不同类型岩体结构面的本构模型，丰富岩体结构面力学模型数据库，同时结合有限元和离散元数值分析方法，评估岩体结构面与地下洞室不同空间拓扑关系下的工程稳定问题，提出新型地下工程设计方法，研发新型支护材料和技术，发展数字化仿真分析方法，构建地下工程全生命周期安全预警平台，保障地下工程的长期稳定性。

参 考 文 献

［1］ ZHOU X P, XIA E M, YANG H Q, et al. Different crack sizes analyzed for surrounding rock mass around underground caverns in Jinping Ⅰ hydropower station ［J］. Theoretical and Applied Fracture Mechanics, 2012, 57 (1): 19 - 30.

［2］ WU A Q, WANG J M, ZHOU Z, et al. Engineering rock mechanics practices in the underground powerhouse at Jinping Ⅰ hydropower station ［J］. Journal of Rock Mechanics and Geotechnical Engineering, 2016, 8: 640 - 650.

［3］ 王震洲, 侯东奇, 曾海燕, 等. 两河口地下厂房轴线方位选择与围岩稳定分析 ［J］. 地下空间与工程学报, 2016, 12 (1): 227 - 235.

［4］ 罗真行, 彭薇薇, 魏映瑜, 等. 两河口水电站地下厂房岩体力学特性试验研究 ［J］. 地下空间与工程学报, 2017, 13 (S2): 73 - 78.

［5］ ZHANG C Q, FENG X T, ZHOU H, et al. Case histories of four extremely intense rockbursts in deep tunnels ［J］. Rock Mechanics and Rock Engineering, 2012, 45 (3): 275 - 288.

［6］ ZHANG C Q, FENG X T, ZHOU H, et al. Rockmass damage development following two extremely intense rockbursts in deep tunnels at Jinping Ⅱ hydropower station, southwestern China ［J］. Bulletin of Engineering Geology and the Environment, 2013, 72 (2): 237 - 247.

［7］ FENG G L, FENG X T, CHEN B R, et al. Effects of structural planes on the microseismicity associated with rockburst development processes in deep tunnels of the Jinping - Ⅱ Hydropower Station, China ［J］. Tunnelling and Underground Space Technology, 2019, 84: 273 - 280.

［8］ WANG G, WANG Y, LU W B, et al. Deterministic 3D seismic damage analysis of Guandi concrete gravity dam: A case study ［J］. Engineering Structures, 2017, 148: 263 - 276.

［9］ 王靖涛, 黄明昌, 肖春喜. 二滩水电站地下厂房三维边界元分析及稳定性评价 ［J］. 岩土工程学报, 1986, 8 (2): 54 - 62.

［10］ ZHU W S, WANG K J, ZHU Z D, et al. Three - dimensional FEM analyses and back analyses for deformation monitoring of Ertan hydropower station chambers ［C］. Proceedings of the International Symposium on Engineering in Complex Rock Formations, 1988: 802 - 808.

［11］ 吕文龙, 肖平西, 胡晓文, 等. 河床式厂房结构动力分析计算模型研究 ［J］. 地下空间与工程学报, 2017, 13 (S2): 171 - 176.

［12］ 吴世勇, 王鸽. 锦屏二级水电站深埋长隧洞群的建设和工程中的挑战性问题 ［J］. 岩石力学与工程学报, 2010, 29 (11): 2161 - 2171.

［13］ 邱士利, 冯夏庭, 张传庆, 等. 深埋硬岩隧洞岩爆倾向性指标 RVI 的建立及验证 ［J］. 岩石力学与工程学报, 2011, 30 (6): 1126 - 1141.

［14］ GONG M F, QI S W, LIU J Y. Engineering geological problems related to high geo - stresses at the Jinping I hydropower station, southwest China ［J］. Bulletin of Engineering Geology and the Environment, 2010, 69 (3): 373 - 380.

[15] ZHOU H，MENG F Z，ZHANG C Q，et al. Analysis of rockburst mechanisms induced by structural planes in deep tunnels [J]. Bulletin of Engineering Geology and the Environment，2015，74（4）：1435 – 1451.

[16] 许度，冯夏庭，李邵军，等. 基于三维激光扫描的锦屏地下实验室岩体变形破坏特征关键信息提取技术研究 [J]. 岩土力学，2017，38（S1）：488 – 495.

[17] 许度，冯夏庭，李邵军，等. 激光扫描隧洞变形与岩体结构面测试技术及应用 [J]. 岩土工程学报，2018，40（7）：1336 – 1343.

[18] 高要辉，王才品，王兆丰，等. 激光扫描技术在隧洞轮廓时变监测中的应用 [J]. 浙江工业大学学报，2021，49（3）：266 – 273.

[19] FENG X T，ZHANG X W，KONG R，et al. A novel Mogi type true triaxial testing apparatus and its use to obtain complete stress – strain curves of hard rocks [J]. Rock Mechanics and Rock Engineering，2016，49：1649 – 1662.

[20] BIENIAWSKI Z T，BERNEDE M J. Suggested methods for determining the uniaxial compressive strength and deformability of rock materials：Part 1. Suggested method for determining deformability of rock materials in uniaxial compression [J]. International Journal of Rock Mechanics and Mining Sciences and Geomechanics Abstracts，1979，16（2）：138 – 140.

[21] HAWKES I，MELLOR M，GARIEPY S. Deformation of rocks under uniaxial tension [J]. International Journal of Rock Mechanics and Mining Sciences and Geomechanics Abstracts，1973，10（6）：493 – 507.

[22] STIMPSON B，CHEN R. Measurement of rock elastic moduli in tension and in compression and its practical significance [J]. Canadian Geotechnical Journal，1993，30（2）：338 – 347.

[23] 李炜，尹建国. 一种测试岩石拉伸和压缩弹性模量的方法 [J]. 岩土力学，1998，19（3）：93 – 96.

[24] 余贤斌，王青蓉，李心一，等. 岩石直接拉伸与压缩变形的试验研究 [J]. 岩土力学，2008，29（1）：18 – 22.

[25] ISRM TESTING COMMISSION. Suggested method for determining tensile strength of rock materials [J]. International Journal of Rock Mechanics and Mining Sciences and Geomechanics Abstracts，1978，15（3）：99 – 103.

[26] 宫凤强，李夕兵，Zhao J. 巴西圆盘劈裂试验中拉伸模量的解析算法 [J]. 岩石力学与工程学报，2010，29（5）：881 – 891.

[27] CHOU Y C，CHEN C S. Determining elastic constants of transversely isotropic rocks using Brazilian test and iterative procedure [J]. International journal for numerical and analytical methods in geomechanics，2008，32（3）：219 – 234.

[28] CHAN J，SCHMITT D R. Elastic anisotropy of a metamorphic rock sample of the Canadian Shield in northeastern Alberta [J]. Rock Mechanics and Rock Engineering，2015，48（4）：1369 – 1385.

[29] 尤明庆. 岩石试样的杨氏模量与围压的关系 [J]. 岩石力学与工程学报，2003，22（1）：53 – 60.

[30] 张久长，彭立，许湘华，等. 横观各向同性岩石弹塑性耦合变形的试验研究 [J]. 岩石力学与工程学报，2011，30（2）：267 – 274.

[31] ZHANG JC，ZHOU SH，XU XH，et al. Evolution of the elastic properties of a bedded argillite damaged in cyclic triaxial tests [J]. International Journal of Rock Mechanics and Mining Sciences，2013，58：103 – 110.

[32] MARTIN C D. The strength of Massive Lac du Bonnet granite around underground openings [D].

Winnipeg：Ph. D. thesis，University of Manitoba，1993.

[33] DIEDERICHS M S. The 2003 Canadian Geotechnical Colloquium：mechanistic interpretation and practical application of damage and spalling prediction criteria for deep tunnelling [J]. Canadian Geotechnical Journal，2007，44 (9)：1082 – 1116.

[34] MARTIN C D, CHRISTIANSSON R. Estimating the potential for spalling around a deep nuclear waste repository in crystalline rock [J]. International Journal of Rock Mechanics and Mining Sciences，2009，46 (2)：219 – 228.

[35] MARTIN C D, CHANDLER N A. The progressive fracture of Lac du Bonnet granite [J]. International Journal of Rock Mechanics and Mining Sciences，1994，31 (6)：643 – 659.

[36] DIEDERICHS M S, KAISER P K, EBERHARDT E. Damage initiation and propagation in hard rock during tunnelling and the influence of near – face stress rotation [J]. International Journal of Rock Mechanics and Mining Sciences，2004，41 (5)：785 – 812.

[37] ZHAO J, FENG XT, ZHANG XW, et al. Brittle – ductile transition and failure mechanism of Jinping marble under true triaxial compression [J]. Engineering Geology 2018，232：160 – 170.

[38] GAO Y H, FENG X T, ZHANG X W, et al. Characteristic stress levels and brittle fracturing of hard rocks subjected to true triaxial compression with low minimum principal stress [J]. Rock Mechanics and Rock Engineering，2018，51 (12)：3681 – 3697.

[39] ZHENG Z, FENG X T, ZHANG X W, et al. Residual strength characteristics of CJPL marble under true triaxial compression [J]. Rock Mechanics and Rock Engineering，2018，52 (4)：1247 – 1256.

[40] 邱士利，冯夏庭，张传庆，等. 不同卸围压速率下深埋大理岩卸荷力学特性试验研究 [J]. 岩石力学与工程学报，2010，29 (9)：1807 – 1817.

[41] 邱士利，冯夏庭，张传庆，等. 不同初始损伤和卸荷路径下深埋大理岩卸荷力学特性试验研究 [J]. 岩石力学与工程学报，2012，31 (8)：1686 – 1697.

[42] XU H, FENG X T, YANG C X, et al. Influence of initial stresses and unloading rates on the deformation and failure mechanism of Jinping marble under true triaxial compression [J]. International Journal of Rock Mechanics and Mining Sciences，2019，117：90 – 104.

[43] BISHOP A W. Progressive failure with special reference to the mechanism causing it [C]. In：Proceedings of the geotechnical conference，Oslo，1967，142 – 150.

[44] HUCKA V, DAS B. Brittleness determination of rocks by different methods [J]. International Journal of Rock Mechanics and Mining Sciences，1974，11 (10)：389 – 392.

[45] RYBACKI E, REINICKE A, MEIER T, et al. What controls the mechanical properties of shale rocks? – Part I：Strength and Young's modulus [J]. Journal of Petroleum Science and Engineering，2015，135：702 – 722.

[46] RYBACKI E, MEIER T, DRESEN G. What controls the mechanical properties of shale rocks? – PartII：Brittleness [J]. Journal of Petroleum Science and Engineering，2016，144：39 – 58.

[47] HAJIABDOLMAJID V, KAISER P K. Brittleness of rock and stability assessment in hard rock tunneling [J]. Tunnelling and Underground Space Technology，2003，18 (1)：35 – 48.

[48] ALTINDAG R, GUNEY A. Predicting the relationships between brittleness and mechanical properties (UCS, TS and SH) of rocks [J]. Scientific Research and Essays，2010，5 (16)：2107 – 2118.

[49] 王宇，李晓，武艳芳，等. 脆性岩石启裂应力水平与脆性指标关系探讨 [J]. 岩石力学与工程学

报，2014，33（2）：264 - 275.

[50] TARASOV B G, RANDOLPH M F. Superbrittleness of rocks and earthquake activity [J]. International Journal of Rock Mechanics and Mining Sciences，2011，48：888 - 898.

[51] TARASOV B G, POTVIN Y. Universal criteria for rock brittleness estimation under triaxial compression [J]. International Journal of Rock Mechanics and Mining Sciences，2013，59：57 - 69.

[52] AI C, ZHANG J, LI Y W, et al. Estimation criteria for rock brittleness based on energy analysis during the rupturing process [J]. Rock Mechanics and Rock Engineering，2016，49（12）：4681 - 4698.

[53] ZHANG J, AI C, LI Y W, et al. Energy - based brittleness index and acoustic emission characteristics of anisotropic coal under triaxial stress condition [J]. Rock Mechanics and Rock Engineering，2018，51（11）：3343 - 3360.

[54] 马少鹏，金观昌，潘一山. 岩石材料基于天然散斑场的变形观测方法研究 [J]. 岩石力学与工程学报，2002，21（6）：792 - 796.

[55] 宋义敏，马少鹏，杨小彬，等. 岩石变形破坏的数字散斑相关方法研究 [J]. 岩石力学与工程学报，2011，30（1）：170 - 175.

[56] 赵程，田加深，松田浩，等. 单轴压缩下基于全局应变场分析的岩石裂纹扩展及其损伤演化特性研究 [J]. 岩石力学与工程学报，2015，34（4）：763 - 769.

[57] 苏方声，潘鹏志，高要辉，等. 含天然硬性结构面大理岩破裂过程与机制研究 [J]. 岩石力学与工程学报，2018，37（3）：611 - 620.

[58] GOODFELLOW S D, TISATO N, GHOFRANITABARI M, et al. Attenuation properties of Fontainebleau sandstone during true - triaxial deformation using active and passive ultrasonics [J]. Rock Mechanics and Rock Engineering，2015，48（6）：2551 - 2566.

[59] 左建平，谢和平，周宏伟，等. 温度-拉应力共同作用下砂岩破坏的断口形貌 [J]. 岩石力学与工程学报，2007，26（12）：2444 - 2457.

[60] CAI C Z, LI G S, HUANG Z W, et al. Experimental study of the effect of liquid nitrogen cooling on rock pore structure [J]. Journal of Natural Gas Science and Engineering，2014，21：507 - 517.

[61] HE Z G, LI G S, TIAN S C, et al. SEM analysis on rock failure mechanism by supercritical CO_2 jet impingement [J]. Journal of Petroleum Science and Engineering，2016，146：111 - 120.

[62] OLSSON W A, HOLCOMB D J. Compaction localization in porous rock [J]. Geophysical Research Letters，2000，27（21）：3537 - 3540.

[63] ZHANG Y, FENG X T, YANG C X, et al. Fracturing evolution analysis of Beishan granite under true triaxial compression based on acoustic emission and strain energy [J]. International Journal of Rock Mechanics and Mining Sciences，2019，117：150 - 161.

[64] KAWAKATA H, CHO A, KIYAMA T, et al. Three - dimensional observations of faulting process in Westerly granite under uniaxial and triaxial conditions by X - Ray CT scan [J]. Tectonophysics，1999，313（3）：293 - 305.

[65] BAUD P, REUSCHLÉ T, JI Y, et al. Mechanical compaction and strain localization in Bleurswiller sandstone [J]. Journal of Geophysical Research - Solid Earth，2015，120（9）：6501 - 6522.

[66] LU Y L, LI W S, WANG L G, et al. Damage evolution and failure behavior of sandstone under true triaxial compression [J]. Geotechnical Testing Journal，2019，42（3）：610 - 637.

[67] ZHAO X G, WANG J, CAI M, et al. Influence of unloading rate on the strainburst characteristics of Beishan granite under true - triaxial unloading conditions [J]. Rock Mechanics and Rock Engi-

neering，2014，47（2）：467-483.

［68］ BAI Q S, MARIA TIBBO, NASSERI M H B, et al. True triaxial experimental investigation of rock response around the mine – by tunnel under an in situ 3D stress path ［J］. Rock Mechanics and Rock Engineering，2019，52（10）：3971-3986.

［69］ BAI Q S, YOUNG R. Numerical investigation of the mechanical and damage behaviors of veined gneiss during true – triaxial stress path loading by simulation of in situ conditions ［J］. Rock Mechanics and Rock Engineering，2020，53（1）：133-151.

［70］ MOHR O. Welche Umstande bedingen die Elastizitatsgrenze und den Bruch eines Materials ［J］. Zeitschrift des Vereins Deutscher Ingenieure，1900，44：1524-1530.

［71］ HOEK E, BROWN E. Empirical strength criterion for rock masses ［J］. Journal of Geotechnical Engineering Division，ASCE，1980，106（GT9）：1013-1035.

［72］ DRUCKER D, PRAGER W. Soil mechanics and plastic analysis or limit design ［J］. Quarterly of Applied Mathematics，1952，10（2）：157-165.

［73］ LADE P. Elasto – plastic stress – strain theory for cohesionless soil with curved yield surfaces ［J］. International Journal of Solids and Structures，1977，13（11）：1019-1035.

［74］ EWY R. Wellbore – stability predictions by use of a modified Lade criterion ［J］. SPE Drill Completion，1999，14（2）：85-91.

［75］ WIEBOLS G A, COOK N G W. An energy criterion for the strength of rocks in polyaxial compression ［J］. International Journal of Rock Mechanics and Mining Sciences，1968，5：529-549.

［76］ ZHOU S H. A program to model the initial shape and extend of borehole breakout ［J］. Computers and Geosciences，1994，20（7-8）：1143-1160.

［77］ YU M H. Advances in strength theories for materials under complex stress state in the 20th century ［J］. Applied Mechanics Reviews, American Society of Mechanical Engineers，2002，55（3）：169-218.

［78］ MOGI K. Effect of the intermediate principal stress on rock failure ［J］. Journal of Geophysical Research，1967，72（20）：5117-5131.

［79］ MOGI K. Fracture and flow of rocks under high triaxial compression ［J］. Journal of Geophysical Research，1971，76：1255-1269.

［80］ 黄书岭，冯夏庭，张传庆. 脆性岩石广义多轴应变能强度准则及其试验验证 ［J］. 岩石力学与工程学报，2008，27（1）：124-134.

［81］ Chang C, Haimson B. A failure criterion for rocks based on true triaxial testing ［J］. Rock Mechanics and Rock Engineering，2012，45：1007-1010.

［82］ 邱士利，冯夏庭，张传庆，等. 均质各向同性硬岩统一应变能强度准则的建立及验证 ［J］. 岩石力学与工程学报，2013，32（4）：714-727.

［83］ MA X, RUDNICKI J W, HAIMSON B C. The application of a Matsuoka – Nakai – Lade – Duncan failure criterion to two porous sandstones ［J］. International Journal of Rock Mechanics and Mining Sciences，2017，92：9-18.

［84］ FENG X T, KONG R, YANG C X, et al. A three – dimensional failure criterion for hard rocks under true triaxial compression ［J］. Rock Mechanics and Rock Engineering，2020，53（1）：103-111.

［85］ HAJIABDOLMAJID V, KAISER P K, MARTIN C D. Modelling brittle failure of rock ［J］. International Journal of Rock Mechanics and Mining Sciences，2002，39（6）：731-741.

［86］ 殷有泉，曲圣年. 弹塑性耦合和广义正交法则 ［J］. 力学学报，1982，18（1）：63-70.

［87］ BHAT D PARAMESHWARAD. Endochronic theory of inelasticity and failure of concrete with application to seismic – type cyclic loading ［D］. Evanston：Northwestern University，1976.

［88］ 黄书岭. 高应力下脆性岩石的力学模型与工程应用研究 ［D］. 武汉：中国科学院武汉岩土力学研究所，2008.

［89］ HILLERBORG A，MODEER M，PETERSSON P E. Analysis of crack formation and crack growth in concrete by means of fracture mechanics and finite elements ［J］. Cement and Concrete Research，1976，6：773-782.

［90］ BAZANT Z P. Mechanics of fracture and progressive cracking in concrete structures ［C］. In：Fracture mechanics of concrete，Martinus Nijhoff，1985.

［91］ SIDOROFF F. Damage mechanics and its application to composite materials ［C］. In：Proceedings of the European Mechanics Colloquium，Elsevier Applied Science Publisher，1985：21-35.

［92］ SHAO J F，RUDNICKI J W. A microcrack based continuous damage model for brittle geomaterials ［J］. Mechanics of Materials，2000，32（10）：607-619.

［93］ KRAJCINOVIC D. Damage Mechanics（2nd Edition）［M］. Netherland：Elsevier Science BV，2003.

［94］ 唐辉明，晏同珍. 岩体断裂力学理论与工程应用 ［M］. 武汉：中国地质大学出版社，1993.

［95］ 谢和平. 分形-岩石力学导论 ［M］. 北京：科学出版社，1996.

［96］ 周小平，哈秋聆，张永兴. 考虑裂隙间相互作用情况下围压卸荷过程应力应变关系 ［J］. 力学季刊. 2002，23（2）：227-235.

［97］ ABAQUS. Analysis user's manual，version 6.11：2011.

［98］ ITASCA. FLAC 3D：Fast lagrangian analysis of continua，modelling software，v. 7.0. Itasca Consulting Group，2019.

［99］ FENG X T，PAN P Z，ZHOU H. Simulation of the rock microfracturing process under uniaxial compression using an elasto – plastic cellular automaton ［J］. International Journal of Rock Mechanics and Mining Sciences，2006，43（7）：1091-1108.

［100］ PAN P Z，FENG X T，HUDSON J A. Study of failure and scale effects in rocks under uniaxial compression using 3D cellular automata ［J］. International Journal of Rock Mechanics and Mining Sciences，2009，46（4）：674-685.

［101］ SHI G H. Discontinuous deformation analysis：a new numerical model for the statics and dynamics of block systems ［D］. Berkeley：University of California，1988.

［102］ ITASCA. PFC：Particle flow code in three dimensions，modelling software，v. 6.0. Itasca Consulting Group，2019.

［103］ ITASCA. 3DEC：Distict – element modelling of jointed and blocky material in 3D，modelling software，v. 7.0. Itasca Consulting Group，2019.

［104］ MUNJIZA A，OWEN DRJ，BICANIC N. A combined finite – discrete element method in transient dynamics of fracturing solids ［J］. Engineering Computations，1995，12：145-174.

［105］ KULATILAKE，PINNADUWA H S W. Estimating elastic constants and strength of discontinuous rock ［J］. Journal of Geotechnical Engineering ASCE，1985，111（7）：847-864.

［106］ KULATILAKE，PINNADUWA H S W，UCPIRT H，et al. Effects of finite – size joints on the deformability of jointed rock at the two – dimensional level ［J］. Canadian Geotechnical Journal，1994，31（3）：364-374.

［107］ SINGH M，RAO K S，RAMAMURTHY T. Strength and deformational behaviour of a jointed rock mass [J]. Rock Mechanics and Rock Engineering, 2002, 35 (1): 45 – 64.

［108］ TIWARI R P, RAO K S. Post failure behaviour of a rock mass under the influence of triaxial and true triaxial confinement [J]. Engineering Geology, 2006, 84: 112 – 129.

［109］ ARZÚA J, ALEJANO L R, WALTON G. Strength and dilation of jointed granite specimens in servo – controlled triaxial tests [J]. International Journal of Rock Mechanics and Mining Sciences, 2014, 69: 93 – 104.

［110］ ALEJANO L R, ARZÚAB J, BOZORGZADEHC N, et al. Triaxial strength and deformability of intact and increasingly jointed granite samples [J]. International Journal of Rock Mechanics and Mining Sciences, 2017, 95: 87 – 103.

［111］ GAO Y H, FENG X T. Study on damage evolution of intact and jointed marble subjected to cyclic true triaxial loading [J]. Engineering Fracture Mechanics, 2019, 215: 224 – 234.

［112］ RAMAMURTHY T, ARORA V K. Strength predictions for jointed rocks in confined and unconfined states [J]. International Journal of Rock Mechanics and Mining Sciences and Geomechanics Abstract, 1994, 31 (1): 9 – 22.

［113］ TIWARI R P, RAO K S. Deformability characteristics of a rock mass under true – triaxial stress compression [J]. Geotechnical and Geological Engineering, 2006, 24: 1039 – 1063.

［114］ XIA L, ZENG Y W. Parametric study of smooth joint parameters on the mechanical behavior of transversely isotropic rocks and research on calibration method [J]. Computers and Geotechnics, 2018, 98: 1 – 7.

［115］ LADANYI B, ARCHAMBAULT G. Evaluation de la resistance au cisaillement d' un massif rocheux fragmente [J]. 24th Proceeding International Geological Congress 1972, 13D: 249 – 260.

［116］ HOEK E. Strength of jointed rock masses [J]. Geotechnique 1983, 33: 187 – 223.

［117］ TIWARI R P, RAO K S. Response of an anisotropic rock mass under polyaxial stress state [J]. Journal of Materials in Civil Engineering, 2007, 19 (5): 393 – 403.

［118］ GAO Y H, FENG X T, WANG Z F, et al. Strength and failure characteristics of jointed marble under true triaxial compression [J]. Bulletin of Engineering Geology and the Environment, 2020, 79 (2): 891 – 905.

［119］ KAPANG P, WALSRI C, SRIAPAI T, Fuenkajorn K (2013) Shear strengths of sandstone fractures under true triaxial stresses [J]. Journal of Structural Geology, 2013, 48: 57 – 71.

［120］ KWÀSNIEWSKI M A, MOGI K. Effect of the intermediate principal stress on the failure of a foliated anisotropic rock [C]. In: Rossmanith HP (ed) Proceeding: International Conference on Mechanics of Jointed and faulted rock. Rotterdam, Balkema, 1990, 407 – 416.

［121］ MIAO S T, PAN P Z, WU Z H, et al. Fracture analysis of sandstone with a single filled flaw under uniaxial compression [J]. Engineering Fracture Mechanics, 2018, 204: 319 – 343.

［122］ 向天兵, 冯夏庭, 陈炳瑞, 等. 三向应力状态下单结构面岩石试样破坏机制与真三轴试验研究 [J]. 岩土力学, 2009, 30 (10): 2908 – 2916.

［123］ BANDIS S. Experimental studies of scale effects on shear strength and deformation of rock joints [D]. Leeds: Ph. D. Thesis, University of Leeds, 1980.

［124］ BARTON N. Review of a new shear strength criterion for rock joints [J]. Engineering Geology, 1973, 7: 287 – 332.

［125］ BARTON N. The shear strength of rock and rock joints [J]. International Journal of Rock Mechanics and Mining Sciences and Geomechanics Abstracts，1976，13（9）：255－279.

[126] BARTON N. Non－linear shear strength for rock，rock joints，rockfill and interfaces [J]. Innovative Infrastructure Solutions，2016，1：30.

[127] TSE R，CRUDEN D M. Estimating joint roughness coefficients [J]. International Journal of Rock Mechanics and Mining Sciences and Geomechanics Abstracts，1979，16：303－307.

[128] MAERZ N H，FRANKLIN J A，BENNETT C P. Joint roughness measurement using shadow profilometry [J]. International Journal of Rock Mechanics and Mining Sciences and Geomechanics Abstracts，1990，27（5）：329－343.

[129] GRASSELLI G，WIRTH J，EGGER P. Quantitative three－dimensional description of a rough surface and parameter evolution with shearing [J]. International Journal of Rock Mechanics and Mining Sciences，2002，39（6）：789－800.

[130] JIANG Y，XIAO J，TANABASHI Y，et al. Development of an automated servo－controlled direct shear apparatus applying a constant normal stiffness condition [J]. International Journal of Rock Mechanics and Mining Sciences，2004，41（2）：275－286.

[131] MIRZAGHORBANALI A，NEMCIK J，AZIZ N. Effects of cyclic loading on the shear behaviour of infilled rock joints under constant normal stiffness conditions [J]. Rock Mechanics and Rock Engineering，2014a，47（4）：1373－1391.

[132] MIRZAGHORBANALI A，NEMCIK J，AZIZ N. Effects of shear rate on cyclic loading shear behaviour of rock joints under constant normal stiffness conditions [J]. Rock Mechanics and Rock Engineering，2014b，47（5）：1931－1938.

[133] ZHANG Q，WANG S L，GE X R，et al. Modified Mohr－Coulomb strength criterion considering rock mass intrinsic material strength factorization [J]. Mining Science and Technology，2010，20（5）：701－706.

[134] SINGH M，SINGH B. Modified Mohr－Coulomb criterion for non－linear triaxial and polyaxial strength of jointed rocks [J]. International Journal of Rock Mechanics and Mining Sciences，2012，51：43－52.

[135] ZHANG L Y，ZHU H H. Three－dimensional Hoek－Brown strength criterion for rocks [J]. Journal of Geotechnical and Geoenvironmental Engineering，2007，133（9）：1128－1135.

[136] ZHANG L. A generalized three－dimensional Hoek－Brown strength criterion [J]. Rock Mechanics and Rock Engineering，2008，41（6）：893－915.

[137] ZHANG Q，ZHANG L Y，ZHU H H. Modification of a generalized three－dimensional Hoek－Brown strength criterion [J]. International Journal of Rock Mechanics and Mining Sciences，2013，59：80－96.

[138] MELKOUMIAN N，PRIEST S，HUNT S P. Further development of the three－dimensional Hoek－Brown yield criterion [J]. Rock Mechanics and Rock Engineering，2009，42（6）：835－847.

[139] JIANG H，ZHAO J D. A simple three－dimensional failure criterion for rocks based on the Hoek－Brown criterion [J]. Rock Mechanics and Rock Engineering，2015，48（5）：1807－1819.

[140] ZHU H H，WU W，CHEN J Q，et al. Integration of three dimensional discontinuous deformation analysis（DDA）with binocular photogrammetry for stability analysis of tunnels in blocky rockmass [J]. Tunnelling and Underground Space Technology，2016，51：30－40.

[141] RAFIAI H. New empirical polyaxial criterion for rock strength [J]. International Journal of Rock

Mechanics and Mining Sciences, 2011, 48 (6): 922 - 931.

[142] SAEIDI O, RASOULI V, VANEGHI R G, et al. A modified failure criterion for transversely i-sotropic rocks [J]. Geoscience Frontiers, 2014, 5 (2): 215 - 225.

[143] LIU X W, LIU Q S, KANG Y S, et al. Improved nonlinear strength criterion for jointed rock masses subject to complex stress states [J]. International Journal of Geomechanics, 2018, 18 (3): 04017164.

[144] GOODMAN R E, TAYLOR R L, BREKKE T L. A model for the mechanics of jointed rock [J]. Journal of the Soil Mechanics and Foundation Division, ASCE, 1968, 94: 637 - 658.

[145] PLESHA M E. Constitutive models for rock discontinuities with dilatancy and surface degradation [J]. International Journal of Numerical and Analytical Methods in Geomechanics, 1987, 11 (4): 345 - 362.

[146] DESAI C S, FISHMAN K L. Plasticity - based constitutive model with associated testing for joints [J]. International Journal of Rock and Mechanics and Mining Sciences and Geomechanics Abstracts, 1991, 28 (1): 15 - 26.

[147] PARK J W, LEE Y K, SONG J J, et al. A constitutive model for shear behavior of rock joints based on three - dimensional quantification of joint roughness [J]. Rock Mechanics and Rock Engineering, 2013, 46 (6): 1513 - 1537.

[148] OH J, CORDING E J, MOON T. A joint shear model incorporating small - scale and large - scale irregularities [J]. International Journal of Rock Mechanics and Mining Sciences, 2015, 76: 78 - 87.

[149] LI Y, OH J, MITRA R, et al. A constitutive model for a laboratory rock joint with multi - scale asperity degradation [J]. Computers and Geotechnics, 2016, 72: 143 - 151.

[150] LEICHNITZ W. Mechanical Properties of Rock Joints [J]. International Journal of Rock Mechanics and Mining Sciences and Geomechanics Abstracts, 1985, 22 (5): 313 - 321.

[151] SAEB S, AMADEI B. Modelling joint response under constant or variable normal stiffness boundary conditions [J]. International Journal of Rock Mechanics and Mining Sciences and Geomechanics Abstracts, 1990, 27 (3): 213 - 217.

[152] THIRUKUMARAN S, INDRARATNA B. A review of shear strength models for rock joints subjected to constant normal stiffness [J]. Journal of Rock Mechanics and Geotechnical Engineering, 2016, 8 (3): 405 - 414.

[153] 周扬一. 大跨度高边墙地下洞室陡倾薄层岩体变形及破坏机制研究 [D]. 武汉: 中国科学院武汉岩土力学研究所, 2016.

[154] DUAN S Q, FENG X T, JIANG Q, et al. In situ observation of failure mechanisms controlled by rock masses with weak interlayer zones in large underground cavern excavations under high geostress [J]. Rock Mechanics and Rock Engineering, 2017, 50 (9): 2465 - 2493.

[155] 黄晶柱, 冯夏庭, 周扬一, 等. 深埋硬岩隧洞复杂岩性挤压破碎带塌方过程及机制分析——以锦屏地下实验室为例 [J]. 岩石力学与工程学报, 2017, 36 (8): 1867 - 1879.

[156] 周辉, 孟凡震, 张传庆, 等. 深埋硬岩隧洞岩爆的结构面作用机制分析 [J]. 岩石力学与工程学报, 2015, 34 (4): 720 - 727.

[157] 冯夏庭, 吴世勇, 李邵军, 等. 中国锦屏地下实验室二期工程安全原位综合监测与分析 [J]. 岩石力学与工程学报, 2016, 35 (4): 649 - 657.

[158] FENG X T, YAO Z B, LI S J, et al. In Situ Observation of Hard Surrounding Rock Displacement at 2400 - m - Deep Tunnels [J]. Rock Mechanics and Rock Engineering, 2018, 51: 873 - 892.

[159] FENG X T, XU H, QIU S L, et al. In situ observation of rock spalling in the deep tunnels of the China Jinping Underground Laboratory (2400 m Depth) [J]. Rock Mechanics and Rock Engineering, 2018, 51 (4): 1193 - 1213.

[160] 王广德. 复杂条件下围岩分类研究——以锦屏二级水电站深埋隧洞围压分类为例 [D]. 成都: 成都理工大学, 2006.

[161] 钟山, 江权, 冯夏庭, 等. 锦屏深部地下实验室初始地应力测量实践 [J]. 岩土力学, 2018, 39 (1): 356 - 366.

[162] 韩钢, 周辉, 陈建林, 等. 白鹤滩水电站层间错动带工程地质特性 [J]. 岩土力学, 2019, 40 (9): 3559 - 3569.

[163] 韩钢, 侯靖, 周辉, 等. 层间错动带剪切蠕变试验及蠕变模型研究 [J]. 岩石力学与工程学报, 2021, 40 (5): 958 - 971.

[164] HAN GANG, ZHANG CHUNSHENG, ZHOU HUI, et al. A new predictive method for the shear strength of interlayer shear weakness zone at field scales [J]. Engineering Geology, 2021, 295: 106449.

[165] 王先锋, 佴磊. 各类泥化夹层的剪切破坏机制与强度特征 [J]. 吉林大学学报 (地球科学版), 1984, 14 (4): 90 - 97.

[166] 唐良琴, 聂德新, 任光明. 软弱夹层粘粒含量与抗剪强度参数的关系分析 [J]. 中国地质灾害与防治学报, 2003, 14 (2): 56 - 60.

[167] 孙万和, 郑铁民, 李明英. 软弱夹层厚度的力学效应 [J]. 武汉水利电力学院学报, 1981, 1: 33 - 39.

[168] 郭志. 法向压力对岩体抗剪力学特性的影响 [J]. 水文地质工程地质, 1994, 2: 14 - 16.

[169] 肖树芳, K. 阿基诺夫. 泥化夹层的组构及强度蠕变特性 [M]. 长春: 吉林科学技术出版社, 1991: 51 - 56.

[170] SAHU R L. A comparative study on joints with and without gouge fills [D]. 2012.

[171] 胡卸文. 无泥型软弱层带的强度参数 [J]. 山地学报, 2000, 18 (1): 52 - 56.

[172] 孙广忠, 赵然惠. 软弱夹层抗剪试验中的法向压力问题 [J]. 水文地质工程地质, 1980 (4): 8.

[173] 聂德新, 张咸恭, 韩文峰. 围压效应与软弱夹层的物理力学特性的相关性研究 [J]. 地质灾害与环境保护, 1990, 1 (1): 66 - 71.

[174] 徐鼎平, 冯夏庭, 崔玉军, 等. 白鹤滩水电站层间错动带的剪切特性 [J]. 岩石力学与工程学报, 2012, 31 (S1): 2692 - 2703.

[175] 赵阳, 周辉, 冯夏庭, 等. 高压力下原状层间错动带三轴不排水剪切特性及其影响因素分析 [J]. 岩土力学, 2013, 34 (2): 365 - 371.

[176] XIA YINGJIE, ZHANG CHUANQING, ZHOU HUI, et al. Mechanical Anisotropy and Failure Characteristics of Columnar Jointed Rock Masses (CJRM) in Baihetan Hydropower Station: Structural Considerations Based on Digital Image Processing Technology [J]. Energies, 2019, 12 (19): 1 - 24, 3602.

[177] XIA YINGJIE, ZHANG CHUANQING, ZHOU HUI, et al. Structural characteristics of columnar jointed basalt in drainage tunnel of Baihetan hydropower station and its influence on the behavior of P - wave anisotropy [J]. Engineering Geology, 2020, 264: 105304.

[178] VARDOULAKIS I, PAPAMICHOS E. Anisotropic damage diffusion [C]. International Symposium on Recent Advances in Mechanics. Honor of A N Kounadis. Athens, Greece, 2000.

[179] 倪绍虎, 何世海, 陈益民, 等. 柱状节理玄武岩的破坏模式、破坏机制及工程对策 [J]. 岩石力

学与工程学报，2016，35（S1）：3064-3075.

[180] 张传庆，刘振江，张春生，等. 隐晶质玄武岩破裂演化及破坏特征试验研究 [J]. 岩土力学，2019，40（7）：2487-2496.

[181] LIU ZHENJIANG，ZHANG CHUANQING，ZHANG CHUNSHENG，et al. Deformation and failure characteristics and fracture evolution of cryptocrystalline basalt [J]. Journal of Rock Mechanics and Geotechnical Engineering，2019，11：990-1003.

[182] LIU ZHENJIANG，ZHANG CHUNSHENG，ZHANG CHUANQING，et al. Effects of amygdale heterogeneity and sample size on the mechanical properties of basalt [J]. Journal of Rock Mechanics and Geotechnical Engineering，2022，14：93-107.

[183] ZHANG CHUANQING，LIU ZHENJIANG，PAN YIBIN，et al. Influence of amygdale on crack evolution and failure behavior of basalt [J]. Engineering Fracture Mechanics，2020，226：106843.